广州城市湿地
常见草本植物速查手册

郑思东　黄冠文　徐国民◎编著

暨南大學出版社
JINAN UNIVERSITY PRESS

中国·广州

图书在版编目（CIP）数据

广州城市湿地常见草本植物速查手册／郑思东，黄冠文，徐国民编著．—广州：暨南大学出版社，2016．5

ISBN 978－7－5668－1776－1

Ⅰ．①广…　Ⅱ．①郑…②黄…③徐…　Ⅲ．①沼泽化地—草本植物—广州市—手册　Ⅳ．①Q948.526.51-62

中国版本图书馆CIP数据核字（2016）第049744号

出版发行：暨南大学出版社

地　址：中国广州暨南大学
电　话：总编室（8620）85221601
营销部（8620）85225284　85228291　85228292（邮购）
传　真：（8620）85221583（办公室）　85223774（营销部）
邮　编：510630
网　址：http://www.jnupress.com　http://press.jnu.edu.cn

排　版：广州尚文数码科技有限公司
印　刷：深圳市新联美术印刷有限公司

开　本：787mm×960mm　1/16
印　张：13.25
字　数：225千
版　次：2016年5月第1版
印　次：2016年5月第1次

定　价：49.80元

前　言

湿地是一种介于水陆交界的特殊生态系统，是自然界生物多样性最丰富和生态功能最高的生态系统之一，被誉为“地球之肾”。广州地处珠江流域出海口，河流密布，水塘众多，生活着种类极其丰富的野生动、植物。湿地植被独特，不仅农林院校相关专业的学生要学习植物知识，就连普通植物爱好者、广大市民也对植物怀有浓厚的兴趣。假日旅游、户外踏青时，很多人见到美丽、奇特的植物不免要驻足观赏，而识别植物是学习植物学知识的基本条件。为普及植物知识，广州市各大湿地公园已经对绝大多数乔木、灌木挂牌，标明植物中文名称、拉丁学名等信息，供游人参考。但湿地中生长着大量的草本植物，由于其植株矮小、生活周期短、分布位置不固定，公园无法逐一挂牌。

本书正是基于这种需求，精选了广州城市湿地常见的173种草本植物。其中包括47个科、138个属，主要是水边的湿生植物，大部分为草本类植物，部分为亚灌木草本植物及漂浮植物（详见下表）。每种植物都配有其野外真实生境下的精美图片，对植物分类中的重要依据——花或果实进行特写，方便读者对照图片辨识和借鉴。同一种植物分布在不同的地域其形态也会有所差异，本书所有植物图片均摄于广州市的各大湿地，尤其适合初学者在广州市湿地范围内使用。

广州城市湿地常见草本植物

科名	种类	科名	种类	科名	种类
报春花科	2	菊科	26	石竹科	2
车前科	1	睡莲科	1	藤黄科	1
唇形科	6	蓼科	7	天南星科	3
大戟科	6	柳叶菜科	4	梧桐科	1

（续上表）

科名	种类	科名	种类	科名	种类
豆科	11	马齿苋科	2	苋科	5
椴树科	1	马钱科	1	玄参科	10
番杏科	1	毛茛科	1	旋花科	3
防己科	1	千屈菜科	1	荨麻科	2
凤仙花科	1	茜草科	8	鸭跖草科	3
浮萍科	2	蔷薇科	2	罂粟科	1
禾本科	19	茄科	3	雨久花科	1
胡椒科	2	三白草科	1	远志科	3
葫芦科	1	伞形科	3	紫草科	2
堇菜科	1	莎草科	10	酢浆草科	2
锦葵科	3	商陆科	1	藜科	1
桔梗科	2	十字花科	2		

本书共分三个部分：第一部分是广州湿地的概述，介绍了广州湿地植被的基本情况以及广州市内有代表性的湿地；第二部分是植物形态学基础知识，介绍了辨识植物所需要的一些简单的形态学常识，方便初学者对照；第三部分是植物图鉴，每种植物均列出了中文名、拉丁学名、别名，并介绍了其形态特征和生活环境。

由于作者水平有限，在本书的编写过程中，难免存在疏漏之处，敬请读者批评指正。

编　者

2016 年 3 月

目　录

CONTENTS

CONTENTS

1

第一篇

广州湿地

一、湿地概述

什么是湿地？滔滔奔流的珠江、潺潺流过的河涌、风光秀美的海珠湖、一望无际的红树林、郁郁葱葱的水稻田、错落有致的桑基鱼塘……这些美景都是湿地，湿地就在我们身边。事实上，湿地是近几十年来才有的提法。在我国古代，湿地被称为“薮（sǒu）”“泽”或“海”，专指那些水草茂密的湖泽。

湿地译自英文“wetland”，直译就是“潮湿的土地”，简单来说就是多水的地方。那么，所有潮湿的土地都是湿地吗？答案显然是否定的。湿地在水位条件和覆被植物方面具有其独有的特征：湿地的地下水位长期或周期性地维持在与地表相同或相近的位置。如暴雨之后路上形成的小水洼虽然也是“潮湿的土地”，但是这类小水洼的潜水面不能长期或周期性地维持其相对稳定的高度，其中生长发育的植物也不具备湿地植物的特征，所以这些小水洼并不是湿地。

早在春秋时期，我们的祖先就开始通过围湖造田来利用湿地资源，但一直到20世纪50年代，“湿地”的定义才被提出并受到人们的重视。最早关于湿地的定义是由美国鱼类和野生动物保护协会在1956年提出的：“湿地是指被浅水和有时被暂时性或间歇性积水所覆盖的低地，包括沼泽、泥炭地、湿草甸、滨河泛滥地等。”1971年2月2日在伊朗拉姆萨尔签订的《关于特别是作为水禽栖息地的国际重要湿地公约》（以下简称《湿地公约》）中，学者们进一步确定了湿地的外延，提出：“湿地是指，不问其为天然或人工、长久或暂时的沼泽地、泥炭地或水域地带，带有静止或流动的淡水、半咸水或咸水水体，包括低潮时水深不超过6米的水域。”如今，这一概念得到了人们的普遍认可。

依据国家林业局《全国第一次湿地资源普查（2003）报告》中对湿地资源的分类，将中国的湿地类型划分为5个大类，28个小类。

（一）天然湿地

（1）沼泽湿地，包括藓类沼泽、草本沼泽、沼泽化草甸、灌丛沼泽、森林沼泽、内陆盐沼、地热湿地、淡水泉或绿洲湿地等。

（2）湖泊湿地，包括永久性淡水湖、季节性淡水湖、永久性咸水湖、季节性咸水湖等。

（3）河流湿地，包括永久性河流、季节性或间歇性河流、洪泛平原湿地等。

（4）滨海湿地，包括浅海水域、潮下水生层、珊瑚礁、岩石性海岸、潮间沙石海滩、潮间淤泥海滩、潮间盐水沼泽、红树林沼泽、海岸性咸水湖、海岸性淡水湖、河口水域、三角洲湿地等。

（二）人工湿地

人工湿地包括库塘类型湿地。

二、广州湿地

广州市地处我国东南沿海广东省中南部、珠江三角洲腹地，南向狮子洋（112° 57′~114° 03′E、22° 26′~23° 56′N），东江、西江和北江汇成珠江穿越市区。广州市属于南亚热带湿润季风气候区，年均气温在20.9℃~22.7℃之间，雨水资源丰富，平均年降水量为2 002.10毫米，年降水日在150天左右，平均相对湿度为77%。

据《广州市湿地资源调查报告》《广东省湿地资源调查报告》和广州市林业和园林局科研项目研究成果，广州市2005年、2009年、2010年的湿地面积分别为86 178.70、75 963.51、89 195.05公顷，分别占广州市行政面积7 434.40平方公里的11.59%、10.22%和12.00%。由于调查技术、分类标准、人为影响等原因，3个时期的调查结果有一定的区别，但差异不大。广州市湿地类型以近海及海岸湿地、河流湿地和人工湿地为主。

广州市湿地面积

单位：公顷

年份	近海与海岸湿地	河流湿地	湖泊湿地	沼泽湿地	人工湿地	合计
2005	39 286.40	10 804.90	154.30		35 933.10	86 178.70
2009	24 804.76	23 748.28		9.87	27 400.60	75 963.51
2010	38 094.10	10 430.09	150.41		40 520.45	89 195.05

广州湿地面积大，土壤肥沃，气温高，非常有利于湿生植物的生长。根据资料记载和野外调查统计，广州市湿地高等植物共有133科291属431种，涵盖苔藓、蕨类、裸子和被子植物。根据植物生活环境的不同，可以分为湿生植物、水生植物、红树林植物和沙生植物四类。

（一）湿生植物

广州地区的高等植物，不管是苔藓植物还是蕨类、裸子或被子植物，绝大部分为湿生植物。组成广州湿生植被的植物中，广布种占绝大部分，有热带、亚热带和温带的科属，有苔藓、蕨类、裸子和被子植物。因此，广州湿地湿生植被的区系成分比较复杂，但以亚热带区系成分为主。

广州湿生植被中有不少属古老、孑遗或珍稀的保护植物，如中华水韭为国家一级保护植物；土沉香、桫椤、黑桫椤、紫萁、樟树、金毛狗、半枫荷、绣球茜草、野生稻等为国家二级保护植物。

（二）水生植物

广州湿地水生植被主要组成有禾本科、莎草科、水鳖科、眼子菜科、睡莲科、泽泻科、雨久花科、浮萍科、蓼科等。

在水生植被组成成分中，有一些植物既是水生，同时又是湿生的种类，如蓼科，伞形科，玄参科，香蒲科，禾本科的稻、野生稻、水禾、茭笋、水蔗草、芦苇以及莎草科的萤蔺、短叶茳芏、藨草属、荸荠属、飘拂草属等。水生植物中有莲、野菱、野生稻等国家二级保护植物。

（三）红树林植物

红树林植物是生长在热带、亚热带沿海滩涂和江河出海口的主要植物群落。广州湿地有红树林及半红树林树种 16 种，隶属 12 科 14 属。

（四）沙生植物

广州湿地沙生植被主要分布于番禺、南沙海滩。由于近代及近几十年来的开发、围垦等，已几乎没有成片的沙地，因此沙生植被较少，只有木麻黄属、蒲葵属等零星分布。主要种有木麻黄，它能在流动沙和含盐度较高的沙土中生长。

广州是我国为数不多的拥有极为丰富湿地植物的大城市，但是，由于过去对湿地保护不够重视，对湿地植物研究很少，现在湿地植物群落多呈稀疏分布，竞争能力差，生态功能脆弱，面临退化的危险。因此，认识湿地植物，尤其是容易被人忽视的草本植物的种类和构成，分析其生长和演替规律，对恢复湿地植物群落、扩大植物种群、充分发挥湿地植物的生态功能、保护和合理利用湿地具有重要意义。

三、广州主要湿地简介

（一）珠江广州段

珠江是我国最大的热带亚热带河流，是我国第四大河。它不仅哺育了岭南世世代代的人民，而且岭南的文明从这里起源并发展壮大。

珠江水系是一个由西江、北江、东江和珠江三角洲诸河组成的复合水系，大小河流有770多条，流经滇、黔、桂、粤、湘、赣等省（区）及越南的东北部，流域总面积453 690平方公里，其中442 100平方公里在中国境内，11 590平方公里在越南境内。珠江的源头，一般认为在云南省曲靖市马雄山东麓常流水的石灰岩洞，流水经年不息。珠江水系中以西江最长，通常被称为珠江的主干。西、北两江在广东省三水市思贤滘汇入珠江三角洲，东江在广东省东莞市石龙镇汇入珠江三角洲，经虎门、蕉门、洪奇门、横门、磨刀门、鸡啼门、虎跳门及崖门八大口门注入南海，形成独特的“诸河汇集，八口分流”呈扇状的水系特征。

图 1–1　珠江广州段

珠江三角洲诸河，包括西江、北江思贤滘以下，东江石龙以下网河水系和入注三角洲其他诸河，主要有高明河、沙坪水、潭江、流溪河、沙河、绥福水、增江、雅瑶水、南岗水及独流入河口湾的茅洲河、深圳河等。流域面积约26 820平方公里，占广东境内珠江流域面积的24.1%。珠三角河网密布，珠江口的捕捞业、养殖业和航运业很发达；其肥沃的土地，更形成非常著名而独特的桑基鱼塘人工生态系

图 1–2　珠江流域丰富的动、植物资源

统。今天，由于平坦的地势、丰富的水源、便利的交通，其更成为广东乃至全国企业的聚集区，形成有名的珠三角经济模式。

珠江广州河段则是指鸦岗至白鹅潭，再经前(东)后(南)航道到虎门的河段，包括西航道、前航道、后航道和黄埔水道。

珠江三角洲属热带气候，表现为四季不明，三冬无雪，树木常青，田野常绿，霜不杀青。珠江广州河段流域不生长赤道性植被，但热带性的植被不少。虽然由于大量的人工修缮使天然植被消失，但在一些“杂木林”中，仍可见热带树种残存，如格木、土沉香等，表明古代山丘台地是热带季风雨林植被分布区。在草丛、花树之中还见有海芋、野芭蕉群丛分布，林下灌木、藤本、草本植物亦以热带种属为主，多成优势群落；在广州广泛分布的榕、木棉、鱼尾葵、凤凰木亦为热带树种。热带植物生态特征也充分反映在常见的栽培树木中，如板根、气根、支柱根可见于榕树，能独木成林；老茎生花现象见于杨桃、木菠萝；全年生花见于白兰、扶桑。

（二）流溪河国家森林公园

流溪河国家森林公园是位于广州市从化区的生态型公园，公园总面积8 813公顷，主要有彩弹野战、孔雀园、观鹿园、流溪香雪、三椏塘幽谷、小漓江、翡翠群岛、猴岛、夕照黄牛、抗日烈士纪念碑、人面怪石、流溪河大坝等景点。流溪河国家森林公园是经林业部(现林业局)批准建立的首批国家十大森林公园之一，全国十大森林公园标兵单位。

流溪河位于广州市从化区的西北部，由众多溪流汇集而成。其发源于从化区吕田镇与新丰县交界处，先后汇集多条支流后，穿越黄瑶山峡(又称石马山峡)流入流溪河水库，始称流溪河，又称吕田河。从北到南纵贯从化区，再流经白云区的钟落潭、竹料、人和、江村等地，汇入白坭河，经珠江三角洲河网而注入南中国海。自源头至白坭河口，干流全长156公里，流域面积2 300平方公里。流溪河国家森林公园位于广州市东北、从化区北部与良口镇相连处，距广州市区93公里，这里有

图1-3　流溪河从化区段（一）

图 1–4　流溪河从化区段（二）

较高的森林覆盖率和数百座山峰。在公园的中央是流溪河水库，面积 2 万多亩，有 22 个大小岛屿。鸡枕山主峰海拔 1 146.7 米，是广州地区第二高峰。

这里地处亚热带，气候温和，雨量充沛，资源丰富，物种众多。年平均气温 20.3 ℃，平均最高气温 31.9 ℃，平均最低气温 11.8 ℃；年平均降雨量 2 000 毫米。由于山高林密，加上湖泊调节小气候，因而公园四季常青。春天有百花开放，夏天雨水充沛，秋天有大片红枫林，冬日有竹子、梅花等。公园有亚热带森林特色，被誉为"镶嵌在北回归线的一颗绿色明珠"。

公园内有被子植物 134 科 401 属 819 种。公园山林中有竹柏、樟、香花楠等珍贵树种，还有山樱、墨兰、鹤顶兰、杜鹃等观赏花木。公园中有茶园、梅园、竹园。公园引种国家珍稀濒危保护植物 100 多种；有陆生脊椎动物 24 目 61 科 158 种，如苏门羚、水鹿、山牛、猫狸、果子狸、芒鼠、穿山甲等兽类，白鹇、雉鸡、鹭鸶、鸳鸯、画眉、红嘴相思等鸟类，其中有白颈长尾雉、蟒蛇、金钱豹、穿山甲、白鹇等 20 多种国家一、二级保护动物。

1993 年，林业部正式为"流溪河国家森林公园"命名。

（三）海珠国家湿地公园

海珠国家湿地公园（简称"海珠湿地"）是国家级生态湿地示范区，它的前身是万亩果园，是广州市"山、水、城、田、海"和"云山珠水"城市整体空间与自然生态系统的重要组成部分，是广州中心城区内规模最大、保存最完整的生态绿核，是优化城市空间结构、展现城市形象、确保城市生态平衡和改善城市生态环境的重要区域。其原型主要是生产性果园，后经政府改造，发展成以生产为主、旅游为辅的综合性公园。海珠湿地园区内水网密布，鸟雀成群，具有优越的植物、水文条件。海珠湿地位于广州市中心城区，海珠区东南部，被称为广州市的“南肺”和“肾”，主要包括万亩果园、海珠湖及相关河涌39条，总用地面积约800公顷，水域面积达380公顷，是珠三角河涌湿地、城市内湖湿地与半自然果林镶嵌交混的复合湿地生态系统。

区域内河涌纵横交错，湿地资源丰富，其中城市内湖湿地59.7公顷，河涌湿地214.6公顷，涌沟——半自然果林镶嵌复合湿地202.3公顷，湿地率达54.8%，具有繁华都市与自然风光相融、湿地生态系统结构特殊等特色，为候鸟迁徙重要通道、岭南水果发源地和岭南民俗文化荟萃区。

2011年开始改造成海珠湿地，在保留原有果林的基础上进行景观改造，使得海珠湿地具有生产、旅游功能之余，兼具生态功能、景观功能。在万亩果园改造设计过程当中，充分利用现有的区位与资源优势，从国际视野出发，与岭南特色水乡文化相结合，着力将万亩果园地区打造成为展现广州生态系统多样性、突显底蕴深厚岭南文化的“万亩果园湿地，岭南水乡人家”的都市果林湿地示范区。海珠湿地项目分四期建设，一期设计范围：北至新滘中路，南至石榴岗河，西至龙潭村与新光快速，东至华南快速，分为地块一和地块二。海珠湿地一期示范区是海珠湿地核心区和国家级生态湿地示范区，用地面积约70公顷，水域面积占42%，约为28.3公顷，水深平均1.5米，全部为流动的活水。示范区始建于2012年6月，通过连通水系，调清活水、迁移苗木、雕花飞檐等，打造了亲水花溪、果林栈道、石榴湾湿地等生态湿地特色景观和粤式广府文化景观牌坊等岭南文化特色建筑。

图 1-5 海珠国家湿地公园

图 1-6 海珠湿地的半自然果林

目前开放区域包括海珠湖、海珠湿地一期和海珠湿地二期，游人可充分领略“水乡、花乡、果乡”的湿地特色风貌，是市民可及、可达、可享受的世外桃源。

（四）南沙湿地公园

南沙湿地公园位于广州最南端，地处珠江入海口西岸的南沙区万顷沙镇十八涌与十九涌之间，总面积约 10 000 亩，是珠三角地区保存较为完整、保护较为有力、生态较为良好的河口湿地，起着良好的防风消浪、涵养水土、调节气候等重要作用，被誉为“广州之肾”。2011 年南沙湿地公园入选“羊城新八景”，同年 10 月获第 15 届联合国环境规划署与国际公园协会（IFPRA）联合主办评选的可持续发展自然环境最佳生态景区银奖。

南沙湿地游览区位于珠江三角洲几何中心，地处广州最南端珠江四大口门（虎门、蕉门、洪奇门和横门）出海口交汇处，是广州市面积最大的湿地，也是候鸟的重要迁徙路线之一。由于位于珠江四大口门交汇处，处于咸淡水混合状态，因而湿地主要选种适应这种咸淡水环境的红树和能有效净化海水的芦苇，其中红树有桐花、秋茄、无瓣海桑、木榄、拉关木等 18 个品种。同时，为了增加湿地植物的观赏性，湿地还选种了一些颜色上有对比性的树种，如红色树叶的红乌柏、黄色树叶的千层金、黄色花瓣的美国槐、黄槿等。由于南沙湿地在开发建设和日常维护中比较注重红树林建设和水质优化，特别是在一期湿地范围内划出 1/3 的区域将其设置为浅滩专供候鸟觅食，因而吸引了数以十万计的候鸟来湿地栖息过冬。根据华南濒危动物研究所的统计，来南沙湿地过冬的候鸟数量占广州市候鸟总数的 50% 以上，其中还包括许多珍贵的鸟类品种，如国家一级保护鸟类东方白鹳，国家二级保护鸟类黑脸琵鹭、白琵鹭、普通鵟、黑冠鹃隼、燕隼、白尾鹞、小鸦鹃和褐翅鸦鹃，以及 16 种省级重点保护鸟类等。到目前为止，在南沙湿地监测发

图 1-7　南沙湿地公园

图 1-8　南沙湿地的候鸟觅食区

现的鸟类超过152种。这里野鸭成群、苍鹭伫立，共同构成广州南沙、香港米埔、深圳福田的珠江口湿地水鸟迁徙繁殖区域，被誉为珠江三角洲的“候鸟天堂”。

南沙湿地为游客提供多种休闲游憩设施，乘坐游览船可观赏红树林、芦苇荡、莲花池、鸟类繁殖区和鸟类觅食区等水上景区，乘坐观光车、骑自行车或步行可游览榕荫绿道、海景长廊、原野步行区等陆地景区。其中有荷塘景观栈桥，长约300米，是一座九曲木栈桥，游客可在桥上观荷赏锦鲤，拍摄荷莲、候鸟等；有数万条锦鲤在水中欢腾雀跃，热烈欢迎游客的到来，同时游客还可以体验一下喂饲锦鲤的乐趣。湿地科普长廊及展示厅内，游客可以了解到更多的有关湿地的知识和标本展示；在设置于生态监测站楼顶的观景廊，游客通过望远镜可以清晰地观看候鸟的栖息动态和周围的生态壮美景观；穿过约2公里的榕荫大道便是湿地海景园了，这里有一座20多米高的观景塔，游客可以到塔顶上眺望一片繁忙的南沙港区和宁静的南沙湿地，零距离感受人与自然和谐的境意，尽情享受南沙湿地的自然风光和美好景色。游客身处湿地生态环境当中，在感受自然生态美好的同时，充分享受现代工业文明和生态文明的成果。

（五）新中国成立初期四大人工湖

广州的水患由来已久，为了根治水患，在新中国成立初期，很多地方在填河建房成风的时候，广州却反其道而行之，大张旗鼓开挖人工湖。1958年，轰轰烈烈的“造湖”运动在广州“打响”，全民义务挖湖浪潮一浪高过一浪。时任广东省省长陈郁和广州市市长朱光也都卷起裤筒、光着脚，与广大市民一起挑泥担石。短短一年时间里，广州成功开挖了市区的四大人工湖——荔湾湖、东山湖、流花湖、麓湖。两千多年来的城市水患，得到明显改善。

如今，四大人工湖已是广州知名景点，并成为市民日常休闲的好去处。

1. 东山湖公园

广州东山湖公园位于广州市越秀区东湖路，是广州四大人工湖公园之一。现全园面积33.114公顷，其中陆地面积12.2公顷，水体面积20.914公顷，是区级综合性文化休闲公园。

东山湖公园环境优美、空气清新，以湖为主，以堤岸组成游览干线，北堤种植细叶榕，中堤种植蒲桃、垂柳、红花紫荆，有乔灌木110种，1万多株。湖中有5个半岛和1个孤岛，分别与九曲桥、落虹桥、拱桥、五孔桥及三曲

图 1-9 别具一格的水榭

桥相连，与各具特色的亭、廊、榭、阁、花架连为一体。每逢春暖花开，桃红柳绿，景色优美，湖面碧波荡漾，花木繁茂。1963 年，“东湖春晓”被评为“羊城八景”之一。园内娱乐活动内容丰富，主要有锦鲤湖观赏区、综合大型儿童游乐场、宽阔环湖游艇区、东半岛钓鱼区、南片健身路径、北岛老人活动区、中岛舞厅、中半岛激情广场等。春秋两季，东山湖公园还举办大型花展，供游人观赏。

2. 麓湖公园

麓湖公园位于广州市北面，白云山风景名胜区南端，登高可眺望市区全景。1948 年建成，面积 250 万平方米，其中水域面积 21 万平方米，原为白云山风景区的组成部分。公园经过多年建设，逐步成为一个以湖光山色著称的城市大型山水园林。“一山环秀水，半岭隐涛声”正是公园的生动写照，园内林木苍翠，鸟语花香，亭榭桥廊点缀其中，是一片城市中的绿洲。

麓湖公园为大型山水园林公园，以马尾松、台湾相思桉、竹构成混交林，春、秋季节十分绚丽。主要景点和设施有近 40 万平方米的聚芳园和簪香展馆、阴生植物棚、植物引种场、荷花池、半山植谊亭和山上的五层阁、翠云亭，以及真冰溜冰俱乐部、儿童游乐园、星海园、白云仙馆、别墅式绿湖宾馆、鹿鸣酒家、清凉界餐室、游艇部和垂钓区等，还有一个国际标准的 18 洞高尔夫球场。

图 1-10 觅食的游禽

3. 流花湖公园

流花湖公园位于广州市流花路以南，东风西路以北，毗邻广州火车总站，占地54.43万平方米，1959年10月正式对外开放。园内湖面面积达34万平方米，是广州市的四大人工湖之一，目前仍保留蓄洪排洪与调节司马涌内污水的功能。因湖东北面有南汉朝古迹流花桥而得名，是集浏览、娱乐、休憩功能为一体的综合性公园。

图 1–11　嬉戏的鹭鸟

流花湖公园具有亚热带风光特色，多以棕榈植物、榕属植物、开花灌木及开阔的草坪为主。全园分为游览休息区、娱乐活动区和花鸟盆景观赏区3个开放性区域，主要景点有法兰克福玫瑰园、英国女王手植橡树、西苑“岭南盆景之家”、面积3 000多平方米的鹭鸟岛、农趣园和榕荫游乐场等20多个。流花西苑是岭南派盆景之发源地，所培育的盆景作品曾赠予英国女王等国家元首与政府首脑，历次参加国内外盆景展均获大奖。

4. 荔湾湖公园

荔湾湖公园位于荔湾区泮塘地区，东至龙津西路，南至西关上支涌下游，西至黄沙大道，北至中山八路。历史上该地曾大量种植荔枝。公园总面积约27公顷，湖面占62%，陆地面积38%，由小翠湖、玉翠湖、如意湖、五秀湖四个湖组成，桥、堤相连，有园林建筑八亭、八桥、四廊、三厅、一轩、一阁，散落在碧波绿树丛中，颇具岭南园林建筑特色。荔湾湖公园是最能体现南国优雅柔美风情，以湖为主的公园。1960年荔湾湖公

图 1–12　荔湾湖

园被正式命名，由前民盟主席、最高人民法院院长沈钧儒题写园名。

荔湾湖公园是一座集游览、文体、娱乐、休息于一体的多功能、综合性公园。为逐渐恢复昔日荔枝湾的园林景观，荔湾区政府投资数百万元在五秀湖畔复建清代名园海山仙馆，配以两个水亭和楼高两层的展览大厅，展出丛书、丛帖、碑刻等。五秀湖的菱洲岛已遍植荷花，重新种上荔枝树，昔日荔枝湾的风情将再现于人们的眼前。

（六）白云湖

白云湖是目前广州最大的人工湖，面积超过市内荔湾湖、流花湖、东山湖、麓湖面积的总和，是广州市北部水系建设珠江西航道引水首期工程，位于白云区黄金围、环滘村的北侧，西临广清高速公路，东至机场高速公路及106国道，向北1.5公里为流溪河。京广铁路及石井大道从白云湖中间穿过，包括广和泵站、引水渠及白云湖三部分。

白云湖分东湖和西湖两部分，总面积2.07平方公里，水面面积1.06平方公里，白云湖湖区规划总面积2 964.15亩，其中水域面积为1 597.17亩、岛屿面积为112.39亩、绿地面积为1 254.59亩，湖岸长度8 183米。白云湖不仅有水质检测中心、水闸管理用房等水利工程的功能性设施，同时也有着六脉清源广场、林荫广场、如茵草坪和休闲中心等供市民游乐的地方，在白云湖的东南还配套有篮球场、网球场等体育休闲场所。同时，在“绿道”中无论是跑步还是骑车都别有一番景致。全长40公里的自行车赛道和全程10公里的跑道，让市民在全年绿意盎然的环中运动。此外，周边将设置篮球场、网球场等球类运动场所，在适当区域摆放休闲运动设施。东西两湖中的小岛还为垂钓爱好者设置了垂钓区域。白云湖工程为集水安全、水生态、水文化、水景观于一体的综合性水利工程，独具岭南特色的广州“西湖”风景区。

图1–13　白云湖边的再力花

图1–14　亲水栈道

（七）鹤之洲湿地公园

鹤之洲湿地公园位于增城市区的增江河东岸一片天然湿地，与雁塔隔河相望，与凤塔一衣带水。这里自古是鹤群栖息翔聚的地方。成千上万的白鹤时而在浅水觅食，时而腾空飞舞，好一派祥和壮观景象。附近的鹤洲村因此而得名。

鹤之洲湿地公园面积约 250 亩，园内荔枝林郁郁葱葱，与滔滔的增江河相映成趣。一面绿草如茵的堤岸边，一泓光影斑驳的浅水中，一片枯而不倒的荔枝林以其粗大的躯干和苍劲的枝丫展示着生命不死的奇特与天地间超然的艺术造型之美，令人流连忘返，击掌叫绝。

增江水质清澈，两岸自然风光优美。鹤之洲湿地公园地处增江东岸，以雁塔桥为起点，已建设 2.6 公里四车道柏油路面及两侧人行道和自行车道，宽共 8 米，这使得增江河 1 000 米江面尽收眼底。公园内设有入口门楼、木质小拱桥、观景台、钓鱼台、环湖自行车道、亲水平台、亲水木栈道、休闲小广场、枯树艺术林等景点。周边的荔枝果园、蔬菜基地、鱼塘等星罗棋布，田园风光优美。

鹤之洲湿地公园以及周边的增江景观大道、天然浴场、观景长廊、游船俱乐部、广州水上运动训练基地和初溪体育公园等景点，共同营造鹤之洲景区“一江春色醉游人，两岸百花望荔乡”的美好景象，是广州美丽的副中心和卫星城。

图 1–15　宽阔的水道

图 1–16　芦苇丛

2

第二篇

植物形态学基础

生存在地球上的植物有50万种以上，其中种子植物有25万种左右。要对数目如此众多但彼此又千差万别的植物进行研究，必须先根据它们的自然性质，由粗到细、由表及里地进行分门别类，否则便无从下手。经典的分类方法大多是依据植物的外部形态和内部解剖特征去区分。因此，在户外实践过程中，为了快速地检索，需要掌握一些植物形态学知识。

植物形态复杂、多样，本身就是一门庞大的生物科学分支。由于篇幅所限，本书不能作系统的介绍。以下对使用本书检索植物过程中可能涉及的植物形态学名词、术语作简单的解释，以供读者后文使用。

一、植物类型

湿地植物：泛指生长在湿地环境中的植物。广义的湿地植物是指生长在沼泽地、湿原、泥炭地或者水深不超过六米的水域中的植物；狭义的湿地植物是指生长在水陆交汇处，土壤潮湿或者有浅层积水环境中的植物。从生长环境看，可以分为水生、沼生、湿生三类；从植物生活类型看，可以分为挺水型、浮叶型、沉水型和漂浮型；从植物生长类型看，可以分为草本类、灌木类、乔木类。

湿生植物：这类植物生长在水池或小溪边沿湿润的土壤里，但是根部不能浸没在水中。喜湿性植物不是真正的水生植物，只是它们喜欢生长在有水的地方，根部只有在长期保持湿润的情况下才能旺盛生长。

图 2–1　漂浮植物凤眼蓝

漂浮植物：漂浮型水生植物种类较少，这类植株的根不生于泥中，株体漂浮于水面之上，随水流、风浪四处漂泊，多数以观叶为主，为池水提供装饰和绿荫。因为它们既能吸收水里的矿物质，又能遮蔽射入水中的阳光，所以也能够抑制水体中藻类的生长，能更快地提供水面的遮盖装饰。但有些品种生长繁衍得特别迅速，可能会成为水中一害，如凤眼蓝等。

草本植物：具有“草质茎”的植物被称为草本植物。草本植物和木本植物最显著的区别在于它们茎的结构，草质茎质地柔软，木质部不发达。按草本植物生活周期的长短，一般可分为一年生植物、二年生植物或多年生植物。草本植物多数在生长季节终了时，其整体部分死亡，包括一年生和二年生的草本植物，如酸模叶蓼和雀舌草等。多年生草本植物的地上部分每年死去；而地下部分的根、根状茎及鳞茎等能生活多年，如假蒟、雾水葛和火炭母等。

亚灌木草本植物：茎在草质与木质之间，上部为草质，下部为木质者。

二、植物器官形态

一般的高等植物有茎、根、叶、花、果实和种子六大器官。户外认种更多的是依据植物茎、叶、花和果实的形态特征进行鉴别。

（一）茎

茎是植物地上部分的骨干。茎上着生叶的位置叫作节，两节之间的部分叫作节间。茎顶端和节上叶腋处都生有芽，当叶子脱落后，节上留下的痕迹叫作叶痕。这些茎的形态特征可与根相区别。大多数种子植物茎的外形为圆柱形，也有少数植物的茎有其他形状，如莎草科植物的茎呈三角柱形，唇形科植物的茎呈方柱形，有些仙人掌科植物的茎呈扁圆形或多角柱形。

不同植物的茎在适应外界环境上，有各自的生长方式。茎的类型有：

直立茎：茎干垂直地面向上直立生长的称为直立茎。

缠绕茎：这种茎细长而柔软，不能直立，必须依靠其他物体才能向上生长，但它不具有特殊的攀缘结构，而是以茎的本身缠绕于他物上。

攀缘茎：这种茎细长柔软，不能直立，唯有依赖其他物体作为支柱，以特有的结构攀缘其上才能生长。有缠绕茎和攀缘茎的植物统称藤本植物。

平卧茎：茎通常草质而细长，在近地表的基部即分枝，平卧地面向四周蔓延生长，但节间不甚发达，节上通常不长不定根，故植株蔓延的距离不大。

匍匐茎：茎细长柔弱，平卧地面，蔓延生长，一般节间较长，节上能生不定根，这类茎称为匍匐茎。

图 2-2　直立茎

图 2-3 缠绕茎

图 2-4 攀缘茎

图 2-5 平卧茎

图 2-6 匍匐茎

（二）叶

叶主要由叶片、叶柄、托叶等三部分组成。同时具备此三个部分的叶称为完全叶，缺乏其中任意一个或两个组成的则称为不完全叶。叶片通常片状，叶柄上端支持叶片，下端与茎节相连；托叶生于叶柄基部两侧或叶腋，在叶片幼小时，有保护叶片的作用，一般比叶片更细小。

1．单叶与复叶

植物的叶按照同一个叶柄生长叶子数目分为单叶和复叶两类。一个叶柄上只生一张叶片的，叫作单叶；一个叶柄上生有许多小叶的，叫作复叶。复

图 2-7 偶数羽状复叶

图 2-8 三出复叶

叶的叶柄，叫作总叶柄或叶轴；叶轴上所生的许多叶，叫作小叶；小叶的叶柄，叫作小叶柄。复叶只在叶轴的基部生有腋芽。

多数小叶排列在叶轴的两侧呈羽毛状，称为羽状复叶。

2．叶形

叶形就是叶子的形状，也就是叶片的轮廓。叶形也是植物分类的重要根据之一。常见的叶形有针形、披针形、倒披针形、条形、剑形、圆形、矩圆形、椭圆形、卵形、倒卵形、匙形、扇形、镰形、心形、倒心形、肾形、提琴形、盾形、箭头形、戟形、菱形、三角形、鳞形等。

图 2–9　长圆形

图 2–10　椭圆形卵状

图 2–11　三角形

图 2–12　披针形

图 2–13　卵状披针形

图 2–14　倒卵状披针形

3．叶缘

叶缘即叶片的周边，叶片的边缘。常见的类型有全缘、波状、锯齿状、细锯齿状、牙齿状、睫毛状、重锯齿状等。

图 2–15　全缘

图 2-16　波状

图 2-17　锯齿状

4. 叶序

叶在茎上排列的方式称为叶序。植物体通过一定的叶序，使叶均匀地、适合地排列，充分地接受阳光，有利于光合作用的进行。主要有这四种类型：互生、对生、轮生、簇生。

图 2-18　对生

图 2-19　轮生

图 2-20　互生

（三）花

花是被子植物的生殖器官，其生物学功能是结合雄性精细胞与雌性卵细胞以产生种子。花可视为节间缩短并具繁殖能力的茎的变态，而其节的结构也可看作叶的高度变态。

图 2-21　白色的花冠与绿色的花萼

1. 花冠与花萼

花冠是一朵花中所有花瓣的总称，位于花萼的上部或者内部，排列成一轮或多轮，多具有鲜亮的颜色，因形似皇冠，故称之为“花冠”。萼片是花的最外一环，能保护花蕾的内部。一环完整的萼片组成了花萼，常为绿色。花瓣位于花萼的内面。

2. 腋生与顶生

单朵花或多朵花生于叶基与花枝的结合部，就像长在叶子和枝条的腋窝里，叫作腋生。相对的是顶生，就是花长在枝条的顶部。

图 2–22 腋生花

图 2–23 顶生花

3. 花序

花序是花序轴及其着生在上面的花的通称，也可特指花在花轴上不同形式的序列。

图 2–24 穗状花序

图 2–25 总状花序

图 2–26 头状花序

图 2–27 蝎尾状花序

图 2-28　圆锥花序

苞片：总苞花序基部由多枚苞叶集合而成的一种叶性器官，各个苞叶合称为总苞片。苞片和总苞生于花下的变态叶，称苞片。苞片一般较小，呈绿色，是花序内不能促进植物生长的变态叶状物。广义上，任何和花序有关的叶片均称为苞片。

图 2-29　花瓣状的苞片

（四）果实

被子植物的雌蕊经过传粉受精，由子房或花的其他部分（如花托、花萼等）参与发育而成的器官。果实一般包括果皮和种子两部分，其中果皮又可分为外果皮、中果皮和内果皮。种子起传播与繁殖的作用。

浆果：多汁肉质的单果。

颖果：禾草特有的含一粒种子的干果，果皮与种皮结合。

蒴果：多个心皮子房形成能开裂的干果，称为蒴果。蒴果是被子植物常见的果实类型。

图 2-30　浆果

图 2-31　颖果

图 2-32　蒴果

3

第三篇

广州湿地
草本植物图鉴

蕺菜

Houttuynia cordata

三白草科　蕺菜属

别名：鱼腥草、狗贴耳、侧耳根

形态特征

腥臭草本，高 30 ~ 60 厘米。茎下部伏地，节上轮生小根；上部直立，无毛或节上被毛，有时带紫红色。叶薄纸质，有腺点，背面尤甚；卵形或阔卵形，长 4 ~ 10 厘米，宽 2.5 ~ 6 厘米；顶端短渐尖，基部心形，两面有时除叶脉被毛外余均无毛，背面常呈紫红色；叶脉 5 ~ 7 条，全部基出或最内 1 对离基约 5 毫米从中脉发出，如为 7 脉时，则最外 1 对很纤细或不明显；叶柄长 1 ~ 3.5 厘米，无毛；托叶膜质，长 1 ~ 2.5 厘米，顶端钝，下部与叶柄合生而成长 8 ~ 20 毫米的鞘，且常有缘毛，基部扩大，略抱茎。花序长约 2 厘米，宽 5 ~ 6 毫米；总花梗长 1.5 ~ 3 厘米，无毛；总苞片长圆形或倒卵形，长 10 ~ 15 毫米，宽 5 ~ 7 毫米，顶端钝圆；雄蕊长于子房，花丝长为花药的 3 倍。蒴果长 2 ~ 3 毫米，顶端有宿存的花柱。花期 4—7 月。

生活环境

生长于沟边、溪边或林下湿地上。从化流溪河岸边阴湿生境有成片生长。在半阴凉环境下长势比较好。

图 3–1　蕺菜

草胡椒

Peperomia pellucida

胡椒科　草胡椒属

别名：透明草

生活环境

生长于林下湿地、石缝中及河流湖泊岸边半湿润阴凉地上。原产于热带美洲，现广布于各热带地区。广州湿地生境均有分布。

形态特征

肉质草本，高 20 ~ 40 厘米。茎直立或基部有时平卧，分枝，无毛；下部节上常生不定根。叶互生，膜质，半透明，阔卵形或卵状三角形，长和宽近相等，1 ~ 3.5 厘米；顶端短尖或钝，基部心形，两面均无毛；叶脉 5 ~ 7 条，基出，网状脉不明显；叶柄长 1 ~ 2 厘米。穗状花序顶生和与叶对生，细弱，长 2 ~ 6 厘米，其与花序轴均无毛；花疏生；苞片近圆形，直径约 0.5 毫米，中央有细短柄，盾状；花药近圆形，有短花丝；子房椭圆形，柱头顶生，被短柔毛。浆果球形，顶端尖，直径约 0.5 毫米。花期 4—7 月。

图 3–2　草胡椒

假蒟

Piper sarmentosum

胡椒科　胡椒属

别名：蛤蒟

形态特征

多年生草本，小枝近直立。叶近膜质，有细腺点；下部阔卵形或近圆形，长 7 ~ 14 厘米，宽 6 ~ 13 厘米；顶端短尖，基部心形或稀有截平；网状脉明显。花单性，雌雄异株，聚集成与叶对生的穗状花序。雄花序长 1.5 ~ 2 厘米；总花梗与花序等长或略短，被极细的粉状短柔毛；花序轴被毛；苞片扁圆形，近无柄，盾状，直径 0.5 ~ 0.6 毫米；雄蕊 2 枚，花药近球形，2 裂，花丝长为花药的 2 倍。雌花序长 6 ~ 8 毫米，于果期稍延长；总花梗与雄株的相同，花序轴无毛；苞片近圆形，盾状，直径 1 ~ 1.3 毫米；柱头 4，稀有 3 或 5，被微柔毛。浆果近球形，具 4 角棱，无毛，直径 2.5 ~ 3 毫米，基部嵌生于花序轴中并与其合生。花期 4—11 月。

生活环境

生长于林下、河流湖泊岸边湿地上。广州越秀公园等多地有栽培作为观赏植物。阴凉潮湿环境生长良好。

图 3-3　假蒟

雾水葛

Pouzolzia zeylanica

荨麻科　雾水葛属

别名：山三茄、生肉药

生活环境

生长于平地的草地上、田边，丘陵、低山的灌丛中或疏林中及沟边。阳光充足的地方生长良好。广州各地常见。

形态特征

多年生草本。茎直立或渐升，高 12 ~ 40 厘米；通常在基部或下部有 1 ~ 3 对对生的长分枝，枝条不分枝或有少数极短的分枝，有短伏毛。叶对生；叶片草质，卵形或宽卵形，长 1.2 ~ 3.8 厘米，宽 0.8 ~ 2.6 厘米，两面有疏伏毛，叶柄长 0.3 ~ 1.6 厘米。团伞花序通常两性，直径 1 ~ 2.5 毫米。雄花：有短梗，花被片 4，狭长圆形或长圆状倒披针形，长约 1.5 毫米；雄蕊 4，长约 1.8 毫米；退化雌蕊狭倒卵形，长约 0.4 毫米。雌花：花被椭圆形或近菱形，长约 0.8 毫米，顶端有 2 小齿，外面密被柔毛，果期呈菱状卵形，长约 1.5 毫米。瘦果卵球形，长约 1.2 毫米，有光泽。花期春季至秋季。

图 3–4　雾水葛

小叶冷水花

Pilea microphylla

荨麻科　冷水花属

别名：小叶冷水麻

生活环境

生长于路边石缝和墙上阴湿处。原产于南美洲热带，后引入亚洲、非洲热带地区，在我国广东、广西、福建、江西、浙江和台湾低海拔地区已成为广泛的归化植物。广州各地常见。

形态特征

纤细小草本，无毛，铺散或直立。茎肉质，多分枝，高 3 ~ 17 厘米，粗 1 ~ 1.5 毫米。叶很小，同对的不等大，倒卵形至匙形，长 3 ~ 7 毫米，宽 1.5 ~ 3 毫米；叶柄纤细，长 1 ~ 4 毫米；托叶不明显，三角形，长约 0.5 毫米。雌雄同株，有时同序，聚伞花序密集成近头状，具梗，稀近无梗，长 1.5 ~ 6 毫米。雄花具梗，在芽时长约 0.7 毫米；花被片 4，卵形，外面近先端有短角状突起；雄蕊 4；退化雌蕊不明显。雌花更小；花被片 3，稍不等长，果时中间的一枚长圆形，稍增厚，与果近等长，侧生二枚卵形，先端锐尖，薄膜质，比长的一枚短约 1/4；退化雄蕊不明显。瘦果卵形，长约 0.4 毫米，熟时变褐色，显光滑。花期夏秋季，果期秋季。

图 3–5　小叶冷水花

酸模叶蓼

Polygonum lapathifolium

蓼科　蓼属

别名：大马蓼

形态特征

一年生草本，高 40 ~ 90 厘米。茎直立，具分枝，无毛，节部膨大。叶披针形或宽披针形，长 5 ~ 15 厘米，宽 1 ~ 3 厘米；顶端渐尖或急尖，基部楔形；上面绿色，常有一个大的黑褐色新月形斑点，两面沿中脉被短硬伏毛，全缘，边缘具粗缘毛；叶柄短，具短硬伏毛；托叶鞘筒状，长 1.5 ~ 3 厘米，膜质，淡褐色，无毛，具多数脉，顶端截形，无缘毛，稀具短缘毛。总状花序呈穗状，顶生或腋生，近直立，花紧密，通常由数个花穗再组成圆锥状，花序梗被腺体；苞片漏斗状，边缘具稀疏短缘毛；花被淡红色或白色，4 或 5 深裂，花被片椭圆形，外面两面较大，脉粗壮，顶端叉分，外弯；雄蕊通常 6。瘦果宽卵形，双凹，长 2 ~ 3 毫米，黑褐色，有光泽，包于宿存花被内。花期 3—8 月，果期 7—9 月。

生活环境

生长于田边、路旁、河边、湖边湿地，喜光。从化流溪河岸边常见。

图 3–6　酸模叶蓼

火炭母

Polygonum chinense

蓼科　蓼属

别名：白饭草、赤地利、老鼠蔗

形态特征

多年生草本。基部近木质，根状茎粗壮；茎直立，高 70 ~ 100 厘米，通常无毛，具纵棱，多分枝，斜上。叶卵形或长卵形，长 4 ~ 10 厘米，宽 2 ~ 4 厘米；顶端短渐尖，基部截形或宽心形，边缘全缘，两面无毛，有时下面沿叶脉疏生短柔毛；下部叶具叶柄，叶柄长 1 ~ 2 厘米，通常基部具叶耳；上部叶近无柄或抱茎；托叶鞘膜质，无毛，长 1.5 ~ 2.5 厘米，具脉纹，顶端偏斜，无缘毛。花序头状，通常数个排成圆锥状，顶生或腋生，花序梗被腺毛；苞片宽卵形，每苞内具 1 ~ 3 花；花被 5 深裂，白色或淡红色，裂片卵形，果时增大，呈肉质，蓝黑色；雄蕊 8，比花被短；花柱 3，中下部合生。瘦果宽卵形，具 3 棱，长 3 ~ 4 毫米，黑色，无光泽，包于宿存的花被。花期 3—9 月，果期 8—10 月。

生活环境

野生于沟边、村旁、园边肥沃潮湿处。喜温暖湿润环境。广州各湿地常见。

图 3–7　火炭母

杠板归

Polygonum perfoliatum

蓼科 蓼属

别名：刺犁头、贯叶蓼

生活环境

生长于田边、路旁、山谷湿地、湖边河边湿地，喜温暖、向阳环境。广州各湿地常见。

形态特征

一年生草本。茎攀缘，多分枝，长1～2米，具纵棱，沿棱具稀疏的倒生皮刺。叶三角形，长3～7厘米，宽2～5厘米，顶端钝或微尖，基部截形或微心形，薄纸质，上面无毛，下面沿叶脉疏生皮刺；叶柄与叶片近等长，具倒生皮刺，盾状着生于叶片的近基部；托叶鞘叶状，草质，绿色，圆形或近圆形，穿叶，直径1.5～3厘米。总状花序呈短穗状，不分枝顶生或腋生，长1～3厘米；苞片卵圆形，每苞片内具2～4花；花被5深裂，白色或淡红色，花被片椭圆形，长约3毫米，果时增大，呈肉质，深蓝色；雄蕊8，略短于花被；花柱3，中上部合生；柱头头状。瘦果球形，直径3～4毫米，黑色，有光泽，包于宿存花被内。花期6—8月，果期7—10月。

图 3–8 杠板归

箭叶蓼

Polygonum sieboldii

蓼科　蓼属

别名：锯锯草

形态特征

一年生草本。茎基部外倾，上部近直立，有分枝，无毛，四棱形，沿棱具倒生皮刺。叶宽披针形或长圆形，长 2.5 ~ 8 厘米，宽 1 ~ 2.5 厘米；顶端急尖，基部箭形；上面绿色，下面淡绿色，两面无毛，下面沿中脉具倒生短皮刺；叶柄长 1 ~ 2 厘米，具倒生皮刺；托叶鞘膜质，偏斜，长 0.5 ~ 1.3 厘米。花序头状，通常成对，顶生或腋生，花序梗细长，疏生短皮刺；苞片椭圆形，顶端急尖，背部绿色，边缘膜质，每苞内具 2 ~ 3 花；花梗短，长 1 ~ 1.5 毫米，比苞片短；花被 5 深裂，白色或淡紫红色，花被片长圆形，长约 3 毫米；雄蕊 8，比花被短；花柱 3，中下部合生。瘦果宽卵形，具 3 棱，黑色，无光泽，长约 2.5 毫米，包于宿存花被内。花期 5—9 月，果期 7—10 月。

生活环境

生长于阴湿草丛、河岸、近水处或山坡地。

图 3–9　箭叶蓼

毛蓼

Polygonum barbatum

蓼科　蓼属

别名：小蓼子草、水辣蓼

形态特征

多年生草本。根状茎横走；茎直立，粗壮，高40～90厘米，具短柔毛，不分枝或上部分枝。叶披针形或椭圆状披针形，长7～15厘米，宽1.5～4厘米；顶端渐尖，基部楔形，边缘具缘毛，两面疏被短柔毛；叶柄长5～8毫米，密生细刚毛；托叶鞘筒状，长1.5～2厘米，密被细刚毛，顶端截形，缘毛粗壮，长1.5～2厘米。总状花序呈穗状，紧密，直立，长4～8厘米，顶生或腋生，通常数个组成圆锥状，稀单生；苞片漏斗状，无毛，边缘具粗缘毛，每苞内具3～5花，花梗短；花被5深裂，白色或淡绿色，花被片椭圆形，长1.5～2毫米；雄蕊5～8；花柱3，柱头头状。瘦果卵形，具3棱，黑色，有光泽，长1.5～2毫米，包于宿存花被内。花期8—9月，果期9—10月。

生活环境

生长于沟边、水边湿地及林下。从化流溪河流域常见。

图3–10　毛蓼

习见蓼

Polygonum plebeium

蓼科　蓼属

别名：铁马齿苋、米子蓼

形态特征

一年生草本。茎平卧，自基部分枝，长 10 ~ 40 厘米，具纵棱，沿棱具小突起，通常小枝的节间比叶片短。叶狭椭圆形或倒披针形，长 0.5 ~ 1.5 厘米，宽 2 ~ 4 毫米；顶端钝或急尖，基部狭楔形，两面无毛，侧脉不明显；叶柄极短或近无柄；托叶鞘膜质，白色，透明，长 2.5 ~ 3 毫米，顶端撕裂，花 3 ~ 6 朵，簇生于叶腋，遍布于全植株；苞片膜质；花梗中部具关节，比苞片短；花被 5 深裂；花被片长椭圆形，绿色，背部稍隆起，边缘白色或淡红色，长 1 ~ 1.5 毫米；雄蕊 5，花丝基部稍扩展，比花被短；花柱 3，稀 2，极短，柱头头状。瘦果宽卵形，具 3 锐棱或双凸镜状，长 1.5 ~ 2 毫米，黑褐色，平滑，有光泽，包于宿存花被内。花期 2—8 月，果期 4—9 月。

生活环境

生长于田边、路旁、水边湿地。

图 3-11　习见蓼

齿果酸模

Rumex dentatus

蓼科　酸模属

别名：牛舌草

生活环境

生长于沟边湿地、水边，山坡路旁。初春阳光水分充足情况下生长很快。

形态特征

一年生草本。茎直立，高 30 ~ 70 厘米，自基部分枝，枝斜上，具浅沟槽。茎下部叶长圆形或长椭圆形，长 4 ~ 12 厘米，宽 1.5 ~ 3 厘米；顶端钝圆或急尖，基部圆形或近心形，边缘浅波状，茎生叶较小；叶柄长 1.5 ~ 5 厘米。花序总状，顶生和腋生，由数个再组成圆锥状花序，长达 35 厘米，多花，轮状排列，花轮间断；花梗中下部具关节；外花被片椭圆形，长约 2 毫米；内花被片果时增大，三角状卵形，长 3.5 ~ 4 毫米，宽 2 ~ 2.5 毫米，顶端急尖，基部近圆形，网纹明显，全部具小瘤，小瘤长 1.5 ~ 2 毫米，边缘每侧具 2 ~ 4 个刺状齿，齿长 1.5 ~ 2 毫米，瘦果卵形，具 3 锐棱，长 2 ~ 2.5 毫米，两端尖，黄褐色，有光泽。花期 2—6 月，果期 3—7 月。

图 3–12　齿果酸模

土荆芥

Chenopodium ambrosioides

藜科　藜属

别名：鹅脚草、杀虫芥

形态特征

一年生或多年生草本，高 50～80 厘米，有强烈香味。茎直立，多分枝，有色条及钝条棱；枝通常细瘦，有短柔毛并兼有具节的长柔毛，有时近于无毛。叶片矩圆状披针形至披针形，先端急尖或渐尖，边缘具稀疏不整齐的大锯齿，基部渐狭具短柄，上面平滑无毛，下面有散生油点并沿叶脉稍有毛，下部的叶长达 15 厘米，宽达 5 厘米，上部叶逐渐狭小而近全缘。花两性及雌性，通常 3～5 个团集，生于上部叶腋；花被裂片 5，较少为 3，绿色，果时通常闭合；雄蕊 5，花药长 0.5 毫米；花柱不明显，柱头通常 3，丝形，伸出花被外。胞果扁球形，完全包于花被内。种子横生或斜生，黑色或暗红色，平滑，有光泽，边缘钝，直径约 0.7 毫米。花期 4—9 月，果期 5—10 月。

生活环境

生长于旷野、路旁、河岸和溪边。喜温暖干燥气候；喜疏松、排水良好的砂质壤土。

图 3-13　土荆芥

皱果苋

Amaranthus viridis

苋科 苋属

别名：绿苋

生活环境

生长于杂草地上或田野间，干燥环境及湿地均有分布。原产于热带非洲，现广泛分布在温带、亚热带和热带地区。广州各地常见。

形态特征

一年生草本，高 40 ~ 80 厘米，全体无毛。茎直立，有不显明棱角，稍有分枝，绿色或带紫色。叶片卵形、卵状矩圆形或卵状椭圆形，长 3 ~ 9 厘米，宽 2.5 ~ 6 厘米；顶端尖凹或凹缺，少数钝圆，有 1 芒尖；基部宽楔形或近截形，全缘或微呈波状缘；叶柄长 3 ~ 6 厘米，绿色或带紫红色。圆锥花序顶生，长 6 ~ 12 厘米，宽 1.5 ~ 3 厘米，有分枝，由穗状花序形成，圆柱形，细长，直立，顶生花穗比侧生者长；总花梗长 2 ~ 2.5 厘米；苞片及小苞片披针形，长不及 1 毫米，顶端具凸尖；花被片矩圆形或宽倒披针形，长 1.2 ~ 1.5 毫米，内曲，顶端急尖，背部有 1 绿色隆起中脉；雄蕊比花被片短；柱头 3 或 2。胞果扁球形，直径约 2 毫米，绿色，不裂，极皱缩，超出花被片。种子近球形，直径约 1 毫米，黑色或黑褐色，具薄且锐的环状边缘。花期 6—8 月，果期 8—10 月。

图 3–14 皱果苋

刺苋

Amaranthus spinosus

苋科　苋属

别名：勒苋菜、刺苋菜

形态特征

一年生草本，高 30 ~ 100 厘米。茎直立，圆柱形或钝棱形，多分枝，有纵条纹，绿色或带紫色。叶片菱状卵形或卵状披针形，长 3 ~ 12 厘米，宽 1 ~ 5.5 厘米；顶端钝圆，具微凸头；基部楔形，全缘；叶柄长 1 ~ 8 厘米，无毛，在其旁有 2 刺，刺长 5 ~ 10 毫米。圆锥花序腋生及顶生，下部顶生花穗常全部为雄花；苞片在腋生花簇及顶生花穗的基部者变成尖锐直刺，在顶生花穗的上部者狭披针形，顶端急尖，具凸尖，中脉绿色；雄蕊花丝略和花被片等长或较短；柱头 3，有时 2。胞果矩圆形，长 1 ~ 1.2 毫米，在中部以下不规则横裂，包裹在宿存花被片内。种子近球形，直径约 1 毫米，黑色或棕黑色。花果期 3—11 月。

生活环境

喜生长于干燥荒地，草丛、河边荒地、荒地、开阔地、山坡等均有分布。广州各地常见。

图 3–15　刺苋

莲子草

Alternanthera sessilis

苋科　莲子草属

别名：节节花、虾钳菜、白花仔、满天星

生活环境

生长于草坡、水沟、田边或沼泽、海边潮湿处。

形态特征

多年生草本，高 10 ~ 45 厘米。茎上升或匍匐，绿色或稍带紫色，有条纹及纵沟，沟内有柔毛。叶片形状及大小有变化，条状披针形、矩圆形、倒卵形、卵状矩圆形，长 1 ~ 8 厘米，宽 2 ~ 20 毫米；全缘或有不显明锯齿，两面无毛或疏生柔毛。头状花序 1 ~ 4 个，腋生，无总花梗，初为球形，后渐成圆柱形，直径 3 ~ 6 毫米；花密生，花轴密生白色柔毛；苞片及小苞片白色，顶端短渐尖，无毛；苞片卵状披针形，长约 1 毫米，小苞片钻形，长 1 ~ 1.5 毫米；花被片卵形，长 2 ~ 3 毫米，白色，顶端渐尖或急尖，无毛，具 1 脉；雄蕊 3，花丝长约 0.7 毫米，基部连合成杯状，花药矩圆形；退化雄蕊三角状钻形，比雄蕊短，顶端渐尖，全缘；花柱极短，柱头短裂。胞果倒心形，长 2 ~ 2.5 毫米，侧扁，翅状，深棕色，包在宿存花被片内。种子卵球形。花期 2—7 月，果期 3—9 月。

图 3–16　莲子草

喜旱莲子草

Alternanthera philoxeroides

苋科　莲子草属

别名：空心莲子草、水蕹菜、空心苋、水花生

形态特征

多年生草本。茎基部匍匐，上部上升，管状，不明显4棱，长55～120厘米。叶片矩圆形、矩圆状倒卵形或倒卵状披针形，长2.5～5厘米，宽7～20毫米；叶柄长3～10毫米，无毛或微有柔毛。花密生，成具总花梗的头状花序，单生在叶腋，球形，直径8～15毫米；花被片矩圆形，长5～6毫米，白色，光亮；雄蕊花丝长2.5～3毫米，基部连合成杯状；退化雄蕊矩圆状条形，和雄蕊约等长，顶端裂成窄条；子房倒卵形，具短柄，背面侧扁，顶端圆形。花期4—10月。

生活环境

生长于池沼、水沟内。原产于巴西，我国引种后逸为野生。在广州的湿地极为常见，可成片生长成为优势种。

图3-17　喜旱莲子草

青葙

Celosia argentea

苋科　青葙属

别名：野鸡冠花、百日红

生活环境

多生长于平原、丘陵、山坡。适应性较强，喜温暖湿润气候。广州各地常见。

形态特征

一年生草本，高 0.3 ~ 1 米，全体无毛。茎直立，具显明条纹。叶片矩圆披针形、披针形或披针状条形，少数卵状矩圆形。花多数，密生，在茎端或枝端成单一、无分枝的塔状或圆柱状穗状花序，长 3 ~ 10 厘米；花被片矩圆状披针形，长 6 ~ 10 毫米，初为白色顶端带红色，或全部粉红色，后成白色；花丝长 5 ~ 6 毫米，分离部分长 2.5 ~ 3 毫米，花药紫色；子房有短柄，花柱紫色，长 3 ~ 5 毫米。胞果卵形，长 3 ~ 3.5 毫米，包裹在宿存花被片内。种子凸透镜状肾形，直径约 1.5 毫米。花期 5—8 月，果期 6—10 月。

图 3–18　青葙

垂序商陆

Phytolacca americana

商陆科　商陆属

别名：美洲商陆、洋商陆

形态特征

多年生草本，高 1～2 米。根粗壮，肥大，倒圆锥形；茎直立，圆柱形，有时带紫红色。叶片椭圆状卵形或卵状披针形，长 9～18 厘米，宽 5～10 厘米；顶端急尖，基部楔形；叶柄长 1～4 厘米。总状花序顶生或侧生，长 5～20 厘米；花梗长 6～8 毫米；花白色，微带红晕，直径约 6 毫米；花被片 5，雄蕊、心皮及花柱通常均为 10，心皮合生。果序下垂；浆果扁球形，熟时紫黑色；种子肾圆形，直径约 3 毫米。花期 4—8 月，果期 5—10 月。全株有毒，根及果实毒性最强。

生活环境

生长于疏林下、路旁、湿地。适应性强。原产于北美，引入栽培后逸生至野外，我国各地广泛分布。广州各地常见。

图 3-19　垂序商陆

种棱粟米草

Mollugo verticillata

番杏科　粟米草属

形态特征

一年生草本，直立或铺散，高 10～30 厘米，无毛。基生叶莲座状，叶片倒卵形或倒卵状匙形，长 1.5～2 厘米；茎生叶 3～7 片假轮生或 2～3 片生于节的一侧，叶片倒披针形或线状倒披针形，长 1～3 厘米，宽 1.5～8 毫米，顶端急尖或钝，基部狭楔形，全缘；叶柄短或几无柄。花淡白色或绿白色，3～5 朵簇生于节的一侧，花有时近腋生；雄蕊 3，稀 2 或 4～5，花丝基部稍宽；子房 3 室，花柱 3。蒴果椭圆形或近球形，长 3～4 毫米，宽约 2.5 毫米，果皮膜质，宿存花被包围一半以上，顶端有宿存花柱，3 瓣裂；种子多数，肾形，栗红色，平滑，有光泽，脊具 3～5 条弧形肋棱，棱间有细密横纹。花果期 7—11 月。

生活环境

生长于草地、瘠土或河边沙地。

图 3–20　种棱粟米草

马齿苋

Portulaca oleracea

马齿苋科　马齿苋属

别名：马苋菜、五行草、长命菜、瓜子菜、蚂蚱菜

形态特征

一年生草本，全株无毛。茎平卧或斜倚，伏地铺散，多分枝，圆柱形，长 10 ~ 15 厘米。叶互生，有时近对生，叶片扁平，肥厚，倒卵形，似马齿状，长 1 ~ 3 厘米，宽 0.6 ~ 1.5 厘米；顶端钝圆或平截，有时微凹；基部楔形，全缘；上面暗绿色，下面淡绿色或带暗红色，中脉微隆起；叶柄粗短。花无梗，直径 4 ~ 5 毫米，常 3 ~ 5 朵簇生枝端，午时盛开；花瓣 5，稀 4，黄色，倒卵形，长 3 ~ 5 毫米，顶端微凹，基部合生；雄蕊通常 8，或更多，长约 12 毫米，花药黄色；子房无毛，花柱比雄蕊稍长，柱头 4 ~ 6 裂，线形。蒴果卵球形，长约 5 毫米，盖裂；种子细小，多数，偏斜球形，黑褐色，有光泽，直径不及 1 毫米，具小疣状凸起。花期 5—8 月，果期 6—9 月。

生活环境

喜肥沃土壤，耐旱亦耐涝，生命力强，生长于农田、路旁、河边。广州各湿地常见。

图 3-21　马齿苋

土人参

Talinum paniculatum

马齿苋科 土人参属

别名：红参、煮饭花

生活环境

适应性强，根系发达，能在不同类型的土壤中生长，耐湿性强，也耐干旱和炎热，但在水分充沛、肥沃的土壤中生长旺盛。原产于美洲，现逸生至野外。

形态特征

一年生或多年生草本，高 30 ~ 100 厘米。茎直立，肉质，基部近木质，多少分枝，圆柱形。叶互生或近对生，叶片稍肉质，倒卵形或倒卵状长椭圆形，长 5 ~ 10 厘米，宽 2.5 ~ 5 厘米，全缘。圆锥花序顶生或腋生，较大形，常二叉状分枝，具长花序梗；花小，直径约 6 毫米；花梗长 5 ~ 10 毫米；萼片卵形，紫红色，早落；花瓣粉红色或淡紫红色，长椭圆形、倒卵形或椭圆形，长 6 ~ 12 毫米，顶端钝圆，有时微凹；雄蕊 10 ~ 20，比花瓣短；花柱线形，长约 2 毫米，基部具关节；柱头 3 裂，稍开展；子房卵球形，长约 2 毫米。蒴果近球形，坚纸质；种子多数，扁圆形，黑褐色或黑色，有光泽。花期 6—8 月，果期 9—11 月。

图 3-22 土人参

鹅肠菜

Myosoton aquaticum

石竹科　鹅肠菜属

别名：牛繁缕、鹅肠草

形态特征

二年生或多年生草本，具须根。茎上升，多分枝，长 50 ~ 80 厘米，上部被腺毛。叶片卵形或宽卵形，长 2.5 ~ 5.5 厘米，宽 1 ~ 3 厘米，顶端急尖，基部稍心形，有时边缘具毛；叶柄长 5 ~ 15 毫米，上部叶常无柄或具短柄，疏生柔毛。顶生二歧聚伞花序；苞片叶状，边缘具腺毛；花梗细，长 1 ~ 2 厘米，花后伸长并向下弯，密被腺毛；萼片卵状披针形或长卵形，长 4 ~ 5 毫米，果期长达 7 毫米，顶端较钝，边缘狭膜质，外面被腺柔毛，脉纹不明显；花瓣白色，2 深裂至基部，裂片线形或披针状线形，长 3 ~ 3.5 毫米，宽约 1 毫米；雄蕊 10，稍短于花瓣；子房长圆形，花柱短，线形。蒴果卵圆形，稍长于宿存萼；种子近肾形，直径约 1 毫米，稍扁，褐色，具小疣。花期 5—8 月，果期 6—9 月。

生活环境

生长于河流两旁冲积沙地的低湿处、灌丛林和水沟旁。广州湿地常见。

图 3-23　鹅肠菜

雀舌草

Stellaria uliginosa

石竹科　繁缕属

别名：天蓬草

形态特征

二年生草本，高 15 ~ 35 厘米，全株无毛。须根细；茎丛生，稍铺散，上升，多分枝；叶无柄，叶片披针形至长圆状披针形，长 5 ~ 20 毫米，宽 2 ~ 4 毫米；顶端渐尖，基部楔形，半抱茎，边缘软骨质，呈微波状；基部具疏缘毛，两面微显粉绿色。聚伞花序通常具 3 ~ 5 花，顶生或花单生叶腋；花梗细，长 5 ~ 20 毫米，无毛，果时稍下弯，基部有时具 2 披针形苞片；萼片 5，披针形，长 2 ~ 4 毫米，宽 1 毫米，顶端渐尖，边缘膜质，中脉明显，无毛；花瓣 5，白色，短于萼片或近等长，2 深裂几达基部，裂片条形，钝头；雄蕊 5，有时 6 ~ 7，微短于花瓣；子房卵形，花柱 3，短线形。蒴果卵圆形，与宿存萼等长或稍长，6 齿裂，含多数种子；种子肾脏形，微扁，褐色，具皱纹状突起。花期 5—6 月，果期 7—8 月。

生活环境

生长于田间、溪岸或潮湿地。

图 3–24　雀舌草

禺毛茛

Ranunculus cantoniensis

毛茛科　毛茛属

别名：自扣草

形态特征

多年生草本。须根伸长簇生。茎直立，高25～80厘米，上部有分枝，与叶柄均密生开展的黄白色糙毛。叶为3出复叶，基生叶和下部叶有长达15厘米的叶柄；叶片宽卵形至肾圆形，长3～6厘米，宽3～9厘米；小叶卵形至宽卵形，宽2～4厘米，2～3中裂，边缘密生锯齿或齿牙，顶端稍尖，两面贴生糙毛；小叶柄长1～2厘米，侧生小叶柄较短，有开展糙毛，基部有膜质耳状宽鞘。上部叶渐小，3全裂，有短柄至无柄。花序有较多花，疏生；花梗长2～5厘米，与萼片均生糙毛；花直径1～1.2厘米，生茎顶和分枝顶端；萼片卵形，长3毫米，开展；花瓣5，椭圆形，长5～6毫米，约为宽的2倍。聚合果近球形，直径约1厘米；瘦果扁平，无毛，边缘有宽约0.3毫米的棱翼，喙基部宽扁，顶端弯钩状，长约1毫米。花果期3—7月。

生活环境

生长于平原或丘陵田边、河边水湿地。

图3-25　禺毛茛

粪箕笃

Stephania longa

防己科　千金藤属

别名：七厘、铁线藤、飞天雷公

生活环境

喜干燥，常缠绕于灌木上。广州湿地灌木丛中亦常见。

形态特征

草质藤本，长 1～4 米或稍过之；枝纤细，有条纹。叶纸质，三角状卵形，长 3～9 厘米，宽 2～6 厘米；顶端钝，有小凸尖；上面深绿色，下面淡绿色，有时粉绿色；掌状脉 10～11 条，向下的常纤细；叶柄长 1～4.5 厘米。复伞形聚伞花序腋生，总梗长 1～4 厘米，雄花序较纤细，被短硬毛。雄花：萼片 8，偶有 6，排成 2 轮，楔形或倒卵形，长约 1 毫米，背面被乳头状短毛；花瓣 4 或 3，绿黄色，通常近圆形，长约 0.4 毫米；聚药雄蕊长约 0.6 毫米。雌花：萼片和花瓣均 4 片，很少 3 片，长约 0.6 毫米；子房无毛，柱头裂片平叉。核果红色，长 5～6 毫米。花期春末夏初，果期秋季。

图 3–26　粪箕笃

北越紫堇

Corydalis balansae

罂粟科　紫堇属

别名：台湾黄堇

形态特征

灰绿色丛生草本，高 30 ~ 50 厘米，具主根。茎具棱，疏散分枝，枝条花葶状，常对叶生。下部茎生叶长 15 ~ 30 厘米，具长柄；叶片上面绿色，下面苍白色，长 7.5 ~ 15 厘米，宽 6 ~ 10 厘米。二回羽状全裂：一回羽片 3 ~ 5 对，具短柄；二回羽片常 1 ~ 2 对，近无柄，长 2 ~ 2.5 厘米，宽 1.2 ~ 2 厘米，卵圆形，基部楔形至平截，约二回三裂至具 3 ~ 5 圆齿状裂片，裂片顶端钝圆，多少具短尖。总状花序多花而疏离，具明显花序轴。外花瓣勺状，具龙骨状突起，顶端较狭窄，微凹至近平截，鸡冠状突起仅限于龙骨状突起之上，不伸达顶端。上花瓣长 1.5 ~ 2 厘米，下花瓣长约 1.3 厘米，瓣片与爪的过渡部分较狭窄。内花瓣长约 1.2 厘米，爪长于瓣片。雄蕊束披针形，具 3 条纵脉，上部渐尖成丝状。蒴果线状长圆形。种子黑亮，扁圆形，具大的舟状种阜。

生活环境

生长于山谷或沟边、河边湿地。

图 3–27　北越紫堇

碎米荠

Cardamine hirsuta

十字花科　碎米荠属

别名：白带草、雀儿草

生活环境

生长于路旁、荒地、耕地及湿地的草丛中。喜欢弱光和低温。

形态特征

一年生小草本，高 15 ~ 35 厘米。茎直立或斜升。基生叶具叶柄，有小叶 2 ~ 5 对；顶生小叶肾形或肾圆形，长 4 ~ 10 毫米，宽 5 ~ 13 毫米，边缘有 3 ~ 5 圆齿，小叶柄明显；侧生小叶卵形或圆形，较顶生的形小，基部楔形而两侧稍歪斜，边缘有 2 ~ 3 圆齿，有或无小叶柄；茎生叶具短柄，有小叶 3 ~ 6 对，生于茎下部的与基生叶相似，生于茎上部的顶生小叶菱状长卵形，顶端 3 齿裂，侧生小叶长卵形至线形，多数全缘；全部小叶两面稍有毛。总状花序生于枝顶，花小，直径约 3 毫米，花梗纤细，长 2.5 ~ 4 毫米；花瓣白色，倒卵形，长 3 ~ 5 毫米，顶端钝，向基部渐狭；花丝稍扩大；雌蕊柱状，花柱极短，柱头扁球形。长角果线形，稍扁，无毛，长达 30 毫米；种子椭圆形，宽约 1 毫米，顶端有的具明显的翅。花期 2—4 月，果期 4—6 月。

图 3–28　碎米荠

风花菜

Rorippa globosa

十字花科　蔊菜属

别名：球果蔊菜、圆果蔊菜

形态特征

一年生或二年生直立粗壮草本，高 20 ~ 80 厘米，植株被白色硬毛或近无毛。茎单一，基部木质化，下部被白色长毛，上部近无毛分枝或不分枝。茎下部叶具柄，上部叶无柄，叶片长圆形至倒卵状披针形。长 5 ~ 15 厘米，宽 1 ~ 2.5 厘米，基部渐狭，下延成短耳状而半抱茎，边缘具不整齐粗齿，两面被疏毛，尤以叶脉为显。总状花序多数，呈圆锥花序式排列，果期伸长。花小，黄色，具细梗，长 4 ~ 5 毫米；萼片 4，长卵形，长约 1.5 毫米，开展，基部等大，边缘膜质；花瓣 4，倒卵形，与萼片等长成稍短，基部渐狭成短爪；雄蕊 6，4 强或近于等长。短角果实近球形，径约 2 毫米，果瓣隆起，平滑无毛，有不明显网纹，顶端具宿存短花柱；果梗纤细，呈水平开展或稍向下弯，长 4 ~ 6 毫米。种子多数，淡褐色，极细小，扁卵形，一端微凹；子叶缘倚胚根。花期 4—6 月，果期 7—9 月。

生活环境

生长于山坡、石缝、路旁、田边、水沟潮湿地及杂草丛中。

图 3–29　风花菜

皱果蛇莓

Duchesnea chrysantha

蔷薇科　蛇莓属

别名：地锦

形态特征

多年生草本。匍匐茎长30~50厘米，有柔毛。小叶片菱形、倒卵形或卵形，长1.5~2.5厘米，宽1~2厘米；先端钝圆，有时具凸尖；基部楔形，边缘有钝或锐锯齿；近基部全缘，上面近无毛，下面疏生长柔毛，中间小叶有时具2~3深裂，有短柄；叶柄长1.5~3厘米，有柔毛；托叶披针形，长2~3毫米，有柔毛。花直径5~15毫米；花梗长2~3厘米，疏生长柔毛；萼片卵形或卵状披针形，长3~5毫米，先端渐尖，外面有长柔毛，具缘毛；副萼片三角状倒卵形，长3~7毫米，外面疏生长柔毛，先端有3~5锯齿；花瓣倒卵形，长2.5~5毫米，黄色，先端微凹或钝圆，无毛；花托在果期粉红色，无光泽，直径8~12毫米。瘦果卵形，长4~6毫米，红色，具多数显明皱纹，无光泽。花期5—7月，果期5—9月。

生活环境

生长于河岸、沟边坡地草丛中。

图3–30　皱果蛇莓

蛇莓

Duchesnea indica

蔷薇科　蛇莓属

别名：蛇泡草、龙吐珠

形态特征

多年生草本。根茎短，粗壮；匍匐茎多数，长30 ~ 100厘米，有柔毛。小叶片倒卵形至菱状长圆形，长2 ~ 5厘米，宽1 ~ 3厘米；先端钝圆，边缘有钝锯齿，两面皆有柔毛，或上面无毛，具小叶柄；叶柄长1 ~ 5厘米，有柔毛；托叶窄卵形至宽披针形，长5 ~ 8毫米。花单生于叶腋；直径1.5 ~ 2.5厘米；花梗长3 ~ 6厘米，有柔毛；萼片卵形，长4 ~ 6毫米，先端锐尖，外面有散生柔毛；副萼片倒卵形，长5 ~ 8毫米，比萼片长，先端常具3 ~ 5锯齿；花瓣倒卵形，长5 ~ 10毫米，黄色，先端钝圆；雄蕊20 ~ 30；心皮多数，离生；花托在果期膨大，海绵质，鲜红色，有光泽，直径10 ~ 20毫米，外面有长柔毛。瘦果卵形，长约1.5毫米，光滑或具不显明突起，鲜时有光泽。花期6—8月，果期8—10月。

生活环境

生长于山坡、河岸、草地、潮湿的地方。耐寒。

图3-31　蛇莓

合萌

Aeschynomene indica

豆科　合萌属

别名：田皂角

生活环境

生长于温暖湿润的塘边、溪边和平原水稻田埂边。

形态特征

一年生草本或亚灌木状，茎直立，高 0.3 ~ 1 米。多分枝，圆柱形，无毛，具小凸点而稍粗糙，小枝绿色。叶具 20 ~ 30 对小叶或更多；托叶膜质，卵形至披针形，长约 1 厘米，基部下延成耳状，通常有缺刻或啮蚀状；叶柄长约 3 毫米；小叶近无柄，薄纸质，线状长圆形，长 5 ~ 15 毫米，宽 2 ~ 3.5 毫米，上面密布腺点，下面稍带白粉，先端钝圆或微凹，具细刺尖头，基部歪斜，全缘；小托叶极小。总状花序比叶短，腋生，长 1.5 ~ 2 厘米；总花梗长 8 ~ 12 毫米；花梗长约 1 厘米；小苞片卵状披针形，宿存；花萼膜质，具纵脉纹，长约 4 毫米，无毛；花冠淡黄色，具紫色的纵脉纹，易脱落，旗瓣大，近圆形，基部具极短的瓣柄，翼瓣篦状，龙骨瓣比旗瓣稍短，比翼瓣稍长或近相等；雄蕊二体；子房扁平，线形。荚果线状长圆形，成熟时逐节脱落；种子黑棕色，肾形。花期 7—8 月，果期 8—10 月。

图 3–32　合萌

猪屎豆

Crotalaria pallida

豆科　猪屎豆属

别名：野黄豆、大眼蓝

形态特征

多年生草本，或呈灌木状。茎枝圆柱形，具小沟纹，密被紧贴的短柔毛。叶三出，柄长 2 ~ 4 厘米；小叶长圆形或椭圆形，长 3 ~ 6 厘米，宽 1.5 ~ 3 厘米；先端钝圆或微凹，基部阔楔形，上面无毛，下面略被丝光质短柔毛，两面叶脉清晰；小叶柄长 1 ~ 2 毫米。总状花序顶生，长达 25 厘米，有花 10 ~ 40 朵；花冠黄色，伸出萼外，旗瓣圆形或椭圆形，直径约 10 毫米，基部具胼胝体 2 枚，冀瓣长圆形，长约 8 毫米，下部边缘具柔毛，龙骨瓣最长，约 12 毫米，弯曲，几达 90 度，具长喙，基部边缘具柔毛；子房无柄。荚果长圆形，长 3 ~ 4 厘米，径 5 ~ 8 毫米，幼时被毛，成熟后脱落，果瓣开裂后扭转；种子 20 ~ 30 颗。花果期 9—12 月。

生活环境

生长于河床地、堤岸边。耐寒耐热，在多砂多砾的贫瘠土壤环境中也能生长。

图 3–33　猪屎豆

三点金

Desmodium triflorum

豆科　山蚂蝗属

别名：蝇翅草

形态特征

多年生草本，平卧，高 10 ~ 50 厘米。茎纤细，多分枝，被开展柔毛；根茎木质。叶为羽状三出复叶，小叶 3；叶柄长约 5 毫米，被柔毛；小叶纸质，顶生小叶倒心形，倒三角形或倒卵形，长和宽为 2.5 ~ 10 毫米；花单生或 2 ~ 3 朵簇生于叶腋；苞片狭卵形，长约 4 毫米，宽约 1.3 毫米，外面散生贴伏柔毛；花梗长 3 ~ 8 毫米，结果时延长达 13 毫米，全部或顶部有开展柔毛；花萼长约 3 毫米，密被白色长柔毛，5 深化裂，裂片狭披针形，较萼筒长；花冠紫红色，与萼近相等，旗瓣倒心形，基部渐狭，具长瓣柄，翼瓣椭圆形，具短瓣柄，龙骨瓣略呈镰刀形，较冀瓣长，弯曲，具长瓣柄；雄蕊二体；雌蕊长约 4 毫米，子房线形，多少被毛，花柱内弯，无毛。荚果扁平，狭长圆形，略呈镰刀状，长 5 ~ 12 毫米，宽 2.5 毫米。花果期 4—10 月。

生活环境

生长于旷野草地、路旁或河边沙土上。广州湿地常见。

图 3–34　三点金

蔓花生

Arachis duranensis

豆科　落花生属

别名：遍地黄金

形态特征

多年生宿根草本植物。茎蔓性，株高 10 ~ 15 厘米，匍匐生长；有明显主根，长达 30 厘米，须根多，均有根瘤。复叶互生，小叶两对，长 1.5 ~ 3 厘米，宽 1 ~ 2 厘米，傍晚 7 点后会闭合，倒卵形，全缘。花腋生，蝶形；金黄色，单花寿命约 1 天，自花授粉。在适宜的环境条件下，开花后能形成胚栓，胚栓长 7 ~ 20 厘米不等，斜插入土壤，深 3 ~ 8 厘米，少部分入土的胚栓能结荚。荚果长桃形，果嘴明显，果壳薄，每荚有 1 粒种子，少数 2 ~ 3 粒。花期春季至秋季。

生活环境

生长于边坡草地、河岸沙地上。原产于亚洲热带及南美洲，广州湿地多有栽培，已逸生至野外。

图 3–35　蔓花生

短叶决明

Cassia leschenaultiana

豆科　决明属

别名：大叶山扁豆、地油甘

生活环境

多生长于山地路旁的灌木丛或草丛中。流溪河流域岸边干旱处常见。

形态特征

一年生或多年生亚灌木状草本，高 30～80 厘米，有时可达 1 米。茎直立，分枝，嫩枝密生黄色柔毛。叶长 3～8 厘米，在叶柄的上端有圆盘状腺体 1 枚；小叶 14～25 对，线状镰形，长 8～15 毫米，宽 2～3 毫米，两侧不对称，中脉靠近叶的上缘；托叶线状锥形，长 7～9 毫米，宿存。花序腋生，有花 1 或数朵不等；总花梗顶端的小苞片长约 5 毫米；萼片 5，长约 1 厘米，带状披针形，外面疏被黄色柔毛；花冠橙黄色，花瓣稍长于萼片或与萼片等长；雄蕊 10 枚，或有时 1～3 枚退化；子房密被白色柔毛。荚果扁平，长 2.5～5 厘米，宽约 5 毫米，有 8～16 粒种子。花期 5—8 月，果期 8—11 月。

图 3-36　短叶决明

小刀豆

Canavalia cathartica

豆科　刀豆属

别名：野刀板豆

形态特征

二年生草质藤本。粗壮，茎、枝被稀疏的短柔毛。羽状复叶具3小叶；托叶小，胼胝体状；小托叶微小，极早落。小叶纸质，卵形，长6～10厘米，宽4～9厘米；先端急尖或圆，基部宽楔形、截平或圆，两面脉上被极疏的白色短柔毛；叶柄长3～8厘米；小叶柄长5～6毫米，被绒毛。花1～3朵生于花序轴的每一节上；花梗长1～2毫米；萼近钟状，长约12毫米，被短柔毛，上唇2裂齿阔而圆，远较萼管为短，下唇3裂齿较小；花冠粉红色或近紫色，长2～2.5厘米，旗瓣圆形，长约2厘米，宽约2.5厘米，顶端凹入，近基部有2枚痂状附属体，无耳，具瓣柄，翼瓣与龙骨瓣弯曲，长约2厘米；子房被绒毛，花柱无毛。荚果长圆形，长7～9厘米，宽3.5～4.5厘米，膨胀，顶端具喙尖；种子椭圆形，长约18毫米，宽约12毫米，种皮褐黑色，硬而光滑。花果期3—10月。

生活环境

生长于海滨或河滨，攀缘于石壁或灌木上。

图3–37　小刀豆

田菁

Sesbania cannabina

豆科　田菁属

别名：野豇豆、咸青

生活环境

生长于水田、河流等潮湿低地。生长速度快，多地出现成片生长。

形态特征

一年生草本，高 1 ~ 3.5 米。茎绿色，有时带褐色、红色，微被白粉，有不明显淡绿色线纹。羽状复叶；叶轴长 15 ~ 25 厘米，上面具沟槽；托叶披针形，早落；小叶 20 ~ 40 对，对生或近对生，线状长圆形，长 8 ~ 40 毫米，宽 2.5 ~ 7 毫米。总状花序长 3 ~ 10 厘米，具 2 ~ 6 朵花，疏松；总花梗及花梗纤细，下垂，疏被绢毛；花冠黄色，旗瓣横椭圆形至近圆形，长 9 ~ 10 毫米，外面散生大小不等的紫黑点和线，胼胝体小，梨形，瓣柄长约 2 毫米，翼瓣倒卵状长圆形，与旗瓣近等长，宽约 3.5 毫米，基部具短耳，中部具较深色的斑块，并横向皱折，龙骨瓣较翼瓣短，三角状阔卵形，长宽近相等，先端钝圆，平三角形，瓣柄长约 4.5 毫米；雄蕊二体，对旗瓣的 1 枚分离，花药卵形至长圆形；雌蕊无毛，柱头头状，顶生。荚果细长，长圆柱形，长 12 ~ 22 厘米，宽 2.5 ~ 3.5 毫米。花果期 5—12 月。

图 3–38　田菁

鸡眼草

Kummerowia striata

豆科　鸡眼草属

别名：掐不齐、牛黄黄、公母草

形态特征

一年生草本。披散或平卧，多分枝，高 5 ~ 45 厘米，茎和枝上被倒生的白色细毛。叶为三出羽状复叶；托叶大，膜质，卵状长圆形，比叶柄长，长 3 ~ 4 毫米，具条纹，有缘毛；叶柄极短；小叶纸质，倒卵形、长倒卵形或长圆形，较小，长 6 ~ 22 毫米，宽 3 ~ 8 毫米，先端圆形，稀微缺，基部近圆形或宽楔形，全缘；两面沿中脉及边缘有白色粗毛，但上面毛较稀少，侧脉多而密。花小，单生或 2 ~ 3 朵簇生于叶腋；花梗下端具 2 枚大小不等的苞片，萼基部具 4 枚小苞片，其中 1 枚极小，位于花梗关节处，小苞片常具 5 ~ 7 条纵脉；花萼钟状，带紫色，5 裂，裂片宽卵形，具网状脉，外面及边缘具白毛；花冠粉红色或紫色，长 5 ~ 6 毫米，较萼约长 1 倍，旗瓣椭圆形，下部渐狭成瓣柄，具耳，龙骨瓣比旗瓣稍长或近等长，翼瓣比龙骨瓣稍短。荚果圆形或倒卵形，稍侧扁，长 3.5 ~ 5 毫米，较萼稍长或长 1 倍，先端短尖，被小柔毛。花期 5—9 月，果期 6—10 月。

生活环境

生长于路旁、田边、溪旁、沙质地或缓山坡草地。

图 3-39　鸡眼草

丁癸草

Zornia gibbosa

豆科　丁癸草属

别名：二叶丁癸草、乌蝇翼草、人字草、斜对叶

形态特征

多年生草本。高 20 ~ 50 厘米，纤弱多分枝；无毛，有时有粗厚的根状茎。托叶披针形，长 1 毫米，无毛，有明显的脉纹，基部具长耳。小叶 2 枚，卵状长圆形、倒卵形至披针形，长 0.8 ~ 1.5 厘米，有时长达 2.5 厘米；先端急尖而具短尖头，基部偏斜，两面无毛，背面有褐色或黑色腺点。总状花序腋生，长 2 ~ 6 厘米，花 2 ~ 10 朵疏生于花序轴上；苞片 2，卵形，长 6 ~ 10 毫米，盾状着生，具缘毛，有明显的纵脉纹 5 ~ 6 条；花萼长 3 毫米，花冠黄色，旗瓣有纵脉，翼瓣和龙骨瓣均较小，具瓣柄。荚果通常长于苞片，少有短于苞片，有荚节 2 ~ 6，荚节近圆形，长与宽 2 ~ 4 毫米，表面具明显网脉及针刺。花期 4—7 月，果期 7—9 月。

生活环境

生长于田边、河边稍干旱的旷野草地上。

图 3–40　丁癸草

链荚豆

Alysicarpus vaginalis

豆科 链荚豆属

别名：水咸草

形态特征

多年生草本。簇生或基部多分枝；茎平卧或上部直立，高 30 ~ 90 厘米，无毛或稍被短柔毛。叶仅有单小叶；托叶线状披针形；叶柄长 5 ~ 14 毫米，无毛；小叶形状及大小变化很大，茎上部小叶通常为卵状长圆形、长圆状披针形至线状披针形，下部小叶为心形、近圆形或卵形，上面无毛，下面稍被短柔毛，全缘，侧脉 4 ~ 9 条，稍清晰。总状花序腋生或顶生，长 1.5 ~ 7 厘米，有花 6 ~ 12 朵，成对排列于节上，节间长 2 ~ 5 毫米；苞片膜质，卵状披针形，长 5 ~ 6 毫米；花梗长 3 ~ 4 毫米；花萼膜质，比第一个荚节稍长，长 5 ~ 6 毫米，5 裂，裂片较萼筒长；花冠紫蓝色，略伸出于萼外，旗瓣宽，倒卵形。荚果扁圆柱形，长 1.5 ~ 2.5 厘米，宽 2 ~ 2.5 毫米，被短柔毛，有不明显皱纹，荚节 4 ~ 7，荚节间不收缩，但分界处有略隆起线环。花期 8—9 月，果期 9—11 月。

生活环境

生长于草坡、旱田边、河边或海边沙地上。

图 3–41 链荚豆

含羞草

Mimosa pudica

豆科　含羞草属

别名：知羞草、呼喝草、怕丑草

生活环境

多生长于旷野荒地、河岸坡地。喜温暖、湿润的气候。

形态特征

披散、亚灌木状草本，高可达 1 米。茎圆柱状，具分枝，有散生、下弯的钩刺及倒生刺毛。托叶披针形，长 5 ~ 10 毫米，有刚毛。羽片和小叶触之即闭合而下垂；羽片通常 2 对，指状排列于总叶柄之顶端，长 3 ~ 8 厘米；小叶 10 ~ 20 对，线状长圆形，长 8 ~ 13 毫米，宽 1.5 ~ 2.5 毫米，先端急尖，边缘具刚毛。头状花序圆球形，直径约 1 厘米，具长总花梗，单生或 2 ~ 3 个生长于叶腋；花小，淡红色，多数；苞片线形；花萼极小；花冠钟状，裂片 4，外面被短柔毛；雄蕊 4 枚，伸出于花冠之外；子房有短柄，无毛；胚珠 3 ~ 4 颗，花柱丝状，柱头小。荚果长圆形，长 1 ~ 2 厘米，宽约 5 毫米，扁平，稍弯曲，荚缘波状，具刺毛，成熟时荚节脱落，荚缘宿存；种子卵形，长 3.5 毫米。花期 3—10 月，果期 5—11 月。

图 3–42　含羞草

酢浆草

Oxalis corniculata

酢浆草科　酢浆草属

别名：酸味草、鸠酸、酸醋酱

形态特征

多年生草本，高 10～35 厘米，全株被柔毛。根茎稍肥厚；茎细弱，多分枝，直立或匍匐，匍匐茎节上生根。叶基生或茎上互生；叶柄长 1～13 厘米，基部具关节；小叶 3，无柄，倒心形，长 4～16 毫米，宽 4～22 毫米；先端凹入，基部宽楔形，两面被柔毛或表面无毛，沿脉被毛较密，边缘具贴伏缘毛。花单生或数朵集为伞形花序状，腋生，总花梗淡红色，与叶近等长；花梗长 4～15 毫米，果后延伸；花瓣 5，黄色，长圆状倒卵形，长 6～8 毫米，宽 4～5 毫米；雄蕊 10，花丝白色半透明，基部合生；子房长圆形，5 室，被短伏毛，花柱 5，柱头头状。蒴果长圆柱形，长 1～2.5 厘米，5 棱；成熟期间轻触即弹开，种子随即弹出。种子长卵形，长 1～1.5 毫米，褐色或红棕色，具横向肋状网纹。花果期 1—9 月。

生活环境

生长于山坡草池、河谷沿岸、路边、田边、荒地或林下阴湿处。广州湿地极常见。

图 3-43　酢浆草

红花酢浆草

Oxalis corymbosa

酢浆草科　酢浆草属

别名：大酸味草、铜锤草、南天七

生活环境

生长于低海拔的山地、路旁、荒地或水田中。原产于南美热带地区，中国长江以北各地作为观赏植物引入，在南方各地已逸为野生。

形态特征

多年生直立草本。无地上茎，地下部分有球状鳞茎。叶基生；叶柄长 5～30 厘米或更长，被毛；小叶 3，扁圆状倒心形，长 1～4 厘米，宽 1.5～6 厘米，顶端凹入，两侧角圆形，基部宽楔形，表面绿色，被毛或近无毛。总花梗基生，二歧聚伞花序，通常排列成伞形花序式，总花梗长 10～40 厘米或更长，被毛；花梗长 5～25 毫米，每花梗有披针形干膜质苞片 2 枚；萼片 5，披针形，长 4～7 毫米，先端有暗红色长圆形的小腺体 2 枚，顶部腹面被疏柔毛；花瓣 5，倒心形，长 1.5～2 厘米，为萼长的 2～4 倍，淡紫色至紫红色，基部颜色较深；雄蕊 10 枚，长的 5 枚超出花柱，另 5 枚长至子房中部，花丝被长柔毛；子房 5 室，花柱 5，被锈色长柔毛，柱头浅 2 裂。花果期 3—12 月。

图 3–44　红花酢浆草

椭圆叶齿果草

Salomonia oblongifolia

远志科　齿果草属

别名：睫毛莎萝莽、缘毛齿果草

形态特征

一年生直立草本，高 10～20 厘米。茎纤细，单一或分枝，具纵棱槽，无毛。单叶互生，叶片膜质至薄纸质，椭圆形或卵状披针形，长 4～8 毫米，宽 1～2.5 毫米；先端急尖或渐尖，基部近圆形，全缘，无柄。穗状花序顶生，长 4～10 厘米，具密集的花；苞片线形，长约 1 毫米，花时不脱落；花小，长约 2.5 毫米，无柄；花瓣 3，红紫色，长 2～2.5 毫米，龙骨瓣较侧瓣长，中部以下与侧瓣合生，顶端无鸡冠状附属物；雄蕊 4，花丝合生成鞘，中部以下与花瓣贴生，具蛛丝状长柔毛，花药贴生成一块；子房倒心形，扁压，直径约 0.75 毫米，两侧具丝状齿，2 室，每室具 1 胚珠，花柱长约 2 毫米，中部以上膨大成圆柱形，光滑，柱头头状。蒴果肾形，宽约 2 毫米，顶端凹陷，边缘具 2 列丝状长齿，果爿平滑，无网纹；种子 2 粒，卵球形，直径约 1 毫米，黑色，光亮，无种阜。花期 7—8 月，果期 8—9 月。

生活环境

生长于山坡、河岸空旷潮湿的草地上。

图 3-45　椭圆叶齿果草

齿果草

Salomonia cantoniensis

远志科　齿果草属

别名：莎萝莽、细黄药

生活环境

生长于山坡、河岸空旷潮湿的草地上。

形态特征

一年生直立草木，高 5 ~ 25 厘米。根纤细，芳香；茎细弱，多分枝，无毛，具狭翅。单叶互生，叶片膜质，卵状心形或心形，长 5 ~ 16 毫米，宽 5 ~ 12 毫米；先端钝，具短尖头，基部心形，全缘或微波状，绿色，无毛，基出 3 脉；叶柄长 1.5 ~ 2 毫米。穗状花序顶生，多花，长 1 ~ 6 厘米，花后延长。花极小，长 2 ~ 3 毫米，无梗，小苞片极小早落；花瓣 3，淡红色，侧瓣长约 2.5 毫米，龙骨瓣舟状，长约 3 毫米，无鸡冠状附属物；雄蕊 4，花丝长约 2 毫米，花丝几乎全部合生成鞘，并与花瓣基部贴生，鞘被蛛丝状柔毛，花药合生成块状；子房肾形，侧扁，径约 1 毫米，边缘具三角状长齿，2 室，每室具 1 胚珠；花柱长约 2.5 毫米，光滑，柱头微裂。蒴果肾形，长约 1 毫米，宽约 2 毫米，两侧具 2 列三角状尖齿。果爿具蜂窝状网纹。种子 2 粒，卵形，直径约 1 毫米，亮黑色，无毛，无种阜。花期 7—8 月，果期 8—10 月。

图 3–46　齿果草

小花远志

Polygala arvensis

远志科　远志属

别名：金牛草、细金牛、辰沙草

形态特征

一年生草本，高 10 ~ 15 厘米。主根木质；茎多分枝，铺散，密被卷曲短柔毛。叶互生，叶片厚纸质，倒卵形、长圆形或椭圆状长圆形，全缘；叶柄极短，被短柔毛。总状花序腋生或腋外生，总花梗极短，疏被柔毛，花密集；花梗短，疏被柔毛，基部具苞片 3 枚；萼片 5，宿存，具缘毛；花瓣 3，白色或紫色，侧瓣三角状菱形，边缘皱波状，基部与龙骨瓣合生，无毛，龙骨瓣盔状，顶端背部具 2 束多分枝的鸡冠状附属物。蒴果近圆形，直径约 2 毫米，几无翅，极疏被短柔毛，种子 2 粒，长圆形，长约 1.5 毫米，直径约 1 毫米，黑色，密被白色短柔毛；种阜白色，3 裂。花果期 7—10 月。

生活环境

生长于海岸边水旁瘠土、湿沙土以及中低海拔的山坡、河岸草地。

图 3–47　小花远志

飞扬草
Euphorbia hirta

大戟科　大戟属

别名：乳籽草、飞相草

生活环境

生长于路旁、草丛、灌丛及山坡，多见于沙质土。广州各地常见。

形态特征

一年生草本。根纤细；茎单一，自中部向上分枝或不分枝，高 30 ~ 70 厘米，直径约 3 毫米，被褐色或黄褐色的多细胞粗硬毛。叶对生，披针状长圆形、长椭圆状卵形或卵状披针形，长 1 ~ 5 厘米，宽 5 ~ 13 毫米，先端极尖或钝，基部略偏斜；边缘于中部以上有细锯齿，中部以下较少或全缘；叶柄极短，长 1 ~ 2 毫米。花序多数，于叶腋处密集成头状，基部无梗或仅具极短的柄，变化较大，且具柔毛；总苞钟状，高与直径各约 1 毫米，被柔毛，边缘 5 裂，裂片三角状卵形；腺体 4，近于杯状，边缘具白色附属物；雄花数枚，微达总苞边缘；雌花 1 枚，具短梗，伸出总苞之外；子房三棱状，被少许柔毛；花柱 3，分离；柱头 2 浅裂。蒴果三棱状，长与直径均为 1 ~ 1.5 毫米，被短柔毛，成熟时分裂为 3 个分果爿。种子近圆状四棱，每个棱面有数个纵槽，无种阜。花果期 6—12 月。

图 3–48　飞扬草

千根草

Euphorbia thymifolia

大戟科　大戟属

别名：细叶地锦草、小飞扬

形态特征

一年生草本。根纤细，长约10厘米，具多数不定根；茎纤细，常呈匍匐状，自基部极多分枝，长10～20厘米，直径仅1～3毫米，被稀疏柔毛。叶对生，椭圆形、长圆形或倒卵形，长4～8毫米，宽2～5毫米；先端圆，基部偏斜，不对称，呈圆形或近心形，边缘有细锯齿，稀全缘。花序单生或数个簇生于叶腋，具短柄，长1～2毫米，被稀疏柔毛；总苞狭钟状至陀螺状，高约1毫米，直径约1毫米，外部被稀疏的短柔毛，边缘5裂，裂片卵形；腺体4，被白色附属物。雄花少数，微伸出总苞边缘；雌花1枚，子房柄极短；子房被贴伏的短柔毛；花柱3，分离；柱头2裂。蒴果卵状三棱形被贴伏的短柔毛，成熟时分裂为3个分果爿。种子长卵状四棱形，暗红色，每个棱面具4～5个横沟；无种阜。花果期5—11月。

生活环境

生长于路旁、屋旁、草丛、稀疏灌丛等，多见于沙质土。

图3–49　千根草

通奶草

Euphorbia hypericifolia

大戟科　大戟属

别名：光叶飞扬

形态特征

一年生草本。茎直立，高 15 ~ 30 厘米，直径 1 ~ 3 毫米，无毛或被少许短柔毛。叶对生，狭长圆形或倒卵形，长 1 ~ 2.5 厘米，宽 4 ~ 8 毫米，先端钝或圆，基部圆形，通常偏斜，不对称，边缘全缘或基部以上具细锯齿，上面深绿色，下面淡绿色，有时略带紫红色，两面被稀疏的柔毛，或上面的毛早脱落；叶柄极短，长 1 ~ 2 毫米。花序数个簇生于叶腋或枝顶，每个花序基部具纤细的柄，柄长 3 ~ 5 毫米；总苞陀螺状，高与直径各约 1 毫米或稍大；边缘 5 裂，裂片卵状三角形；腺体 4，边缘具白色或淡粉色附属物。雄花数枚，微伸出总苞外；雌花 1 枚，子房柄长于总苞；子房三棱状，无毛；花柱 3，分离；柱头 2 浅裂。蒴果三棱状，长约 1.5 毫米，直径约 2 毫米，无毛，成熟时分裂为 3 个分果爿。花果期 8—12 月。

生活环境

生长于旷野荒地、路旁、灌丛及河岸等阳光充足的地方。

图 3–50　通奶草

铁苋菜

Acalypha australis

大戟科　铁苋菜属

别名：海蚌含珠、蚌壳草

形态特征

一年生草本，高 0.2 ~ 0.5 米。小枝细长，被贴毛柔毛。叶膜质，长卵形、近菱状卵形或阔披针形，长 3 ~ 9 厘米，宽 1 ~ 5 厘米；顶端短渐尖，基部楔形，边缘具圆锯。雌雄花同序，长 1.5 ~ 5 厘米，雌花苞片 1 ~ 4 枚，卵状心形，花后增大，长 1.4 ~ 2.5 厘米，宽 1 ~ 2 厘米，边缘具三角形齿，外面沿掌状脉具疏柔毛，苞腋具雌花 1 ~ 3 朵；雄花生于花序上部，排列呈穗状或头状，雄花苞片卵形，长约 0.5 毫米，苞腋具雄花 5 ~ 7 朵，簇生。雄花：花蕾时近球形，无毛，花萼裂片 4 枚，卵形，长约 0.5 毫米，雄蕊 7 ~ 8 枚；雌花：萼片 3 枚，长卵形，长 0.5 ~ 1 毫米，具疏毛。蒴果直径 4 毫米，具 3 个分果爿；种子近卵状，长 1.5 ~ 2 毫米，种皮平滑，假种阜细长。花果期 4—12 月。

生活环境

生长于平原或山坡较湿润的空旷草地、河岸湿地；有时生长于石灰岩山疏林下。

图 3–51　铁苋菜

叶下珠

Phyllanthus urinaria

大戟科　叶下珠属

别名：珠仔草、假油树

生活环境

生长于旷野平地、山地路旁、林缘、河岸。喜温暖湿润、土壤疏松的地域，稍耐荫。广州各地常见。

形态特征

一年生草本，高 10 ~ 60 厘米。茎通常直立，基部多分枝，枝倾卧而后上升。叶片纸质，因叶柄扭转而呈羽状排列，长圆形或倒卵形。花雌雄同株，直径约 4 毫米。雄花：2 ~ 4 朵簇生于叶腋，通常仅上面 1 朵开花，下面的很小；雄蕊 3，花丝全部合生成柱状；花粉粒长球形，通常具 5 孔沟，内孔横长椭圆形；花盘腺体 6，分离，与萼片互生；雌花：单生于小枝中下部的叶腋内；花梗长约 0.5 毫米；萼片 6，近相等，卵状披针形，长约 1 毫米，边缘膜质，黄白色；花盘圆盘状，边全缘；子房卵状，有鳞片状凸起，花柱分离，顶端 2 裂，裂片弯卷。蒴果圆球状，直径 1 ~ 2 毫米，红色，表面具小凸刺，有宿存的花柱和萼片，开裂后轴柱宿存；种子长 1.2 毫米，橙黄色。花期 4—6 月，果期 7—11 月。

图 3–52　叶下珠

纤梗叶下珠

Phyllanthus tenellus

大戟科　叶下珠属

别名：五蕊油柑

形态特征

一年生草本，高达 1 米，全株无毛。主茎单一，圆柱形，向上有不明显的棱，小枝纤细。叶膜质，几无柄，叶片椭圆形，顶端急尖，基部宽楔形至圆形，上面深绿，下面灰绿色；托叶披针形，花雌雄同株，小枝下部叶腋雌、雄花均有，上部叶腋着生单朵雌花。雄花：花梗长 0.5 ~ 1.5 毫米，萼片 5，宽椭圆形至倒卵形，花盘腺体 5，雄蕊 5，分离；雌花：花梗长 3 ~ 7 毫米，丝状，萼片 5，卵形，顶端急尖或钝，中肋绿色，有黄白色膜质边缘，花盘浅碟状；花柱 3，分离，平贴于子房之上，上端 2/3 分裂成宽叉状，裂片顶端有深色突起；子房扁球形，3 室，光滑。蒴果扁球形，光滑，直径 1.5 ~ 2 毫米，成熟后分裂为 3 个二裂的分果片。种子黄色，三棱形，背面和侧面都具有规则排列的长方形至圆形的突起。

生活环境

生长于路边、岸边的草丛中，生长旺盛。原产于非洲，现广泛分布于世界热带和亚热带地区。

图 3–53　纤梗叶下珠

甜麻

Corchorus aestuans

椴树科　黄麻属

别名：假黄麻、针筒草

形态特征

一年生草本，高约1米。茎红褐色，稍被淡黄色柔毛。叶卵形或阔卵形，长4.5~6.5厘米，宽3~4厘米；顶端短渐尖或急尖，基部圆形，两面均有稀疏的长粗毛，边缘有锯齿，近基部一对锯齿往往延伸成尾状的小裂片，基出脉5~7条；叶柄长0.9~1.6厘米，被淡黄色的长粗毛。花单独或数朵组成聚伞花序生于叶腋或腋外；萼片5片，狭窄长圆形，长约5毫米，上部半凹陷如舟状，顶端具角，外面紫红色；花瓣5片，与萼片近等长，倒卵形，黄色；雄蕊多数，长约3毫米，黄色；子房长圆柱形，被柔毛，花柱圆棒状，柱头如喙，5齿裂。蒴果长筒形，长约2.5厘米，直径约5毫米，具6条纵棱，其中3~4棱呈翅状突起，顶端有3~4条向外延伸的角，角二叉，成熟时3~4瓣裂，果瓣有浅横隔；种子多数有毒。花果期为夏秋季。

生活环境

生长于荒地、旷野及河岸干旱处。

图3-54　甜麻

地桃花

Urena lobata

锦葵科　梵天花属

别名：肖梵天花、野棉花

形态特征

直立亚灌木状草本，高达1米，小枝被星状绒毛。茎下部的叶近圆形，长4~5厘米，宽5~6厘米，先端浅3裂，基部圆形或近心形，边缘具锯齿；中部的叶卵形，长5~7厘米，3~6.5厘米；上部的叶长圆形至披针形，长4~7厘米，宽1.5~3厘米；叶上面被柔毛，下面被灰白色星状绒毛；叶柄长1~4厘米，被灰白色星状毛；托叶线形，长约2毫米，早落。花腋生，单生或稍丛生，淡红色，直径约15毫米；花梗长约3毫米，被绵毛；小苞片5，长约6毫米，基部1/3合生；花萼杯状，裂片5，较小苞片略短，两者均被星状柔毛；花瓣5，倒卵形，长约15毫米，外面被星状柔毛；雄蕊柱长约15毫米，无毛；花柱枝微被长硬毛。果扁球形，直径约1厘米，分果爿被星状短柔毛和锚状刺。花期4—10月。

生活环境

生长于空旷地、草坡、河岸或疏林下。广州各地常见。

图3–55　地桃花

黄花稔

Sida acuta

锦葵科　黄花稔属

别名：扫把麻

形态特征

直立亚灌木状草本，高1～2米。分枝多，小枝被柔毛至近无毛。叶披针形，长2～5厘米，宽4～10毫米；先端短尖或渐尖，基部圆或钝，具锯齿，两面均无毛或疏被星状柔毛，上面偶被单毛；叶柄长4～6毫米，疏被柔毛；托叶线形，与叶柄近等长，常宿存。花单朵或成对生长于叶腋，花梗长4～12毫米，被柔毛，中部具节；萼浅杯状，无毛，长约6毫米，下半部合生，裂片5，尾状渐尖；花黄色，直径8～10毫米，花瓣倒卵形，先端圆，基部狭长6～7毫米，被纤毛；雄蕊柱长约4毫米，疏被硬毛。蒴果近圆球形，分果爿4～9，但通常为5～6，长约3.5毫米，顶端具2短芒，果皮具网状皱纹。花期冬春季。

生活环境

生长于山坡灌丛间、路旁、河岸。喜温暖向阳的环境。

图3–56　黄花稔

黄蜀葵

Abelmoschus manihot

锦葵科　秋葵属

别名：棉花葵、假阳桃

形态特征

一年生或多年生草本，高 1～2 米，疏被长硬毛。叶掌状 5～9 深裂，直径 15～30 厘米，裂片长圆状披针形，长 8～18 厘米，宽 1～6 厘米，具粗钝锯齿，两面疏被长硬毛；叶柄长 6～18 厘米，疏被长硬毛；托叶披针形，长 1.1～1.5 厘米。花单生于枝端叶腋；小苞片 4～5，卵状披针形，长 15～25 毫米，宽 4～5 毫米，疏被长硬毛；萼佛焰苞状，5 裂，近全缘，较长于小苞片，被柔毛，果时脱落；花大，淡黄色，内面基部紫色，直径约 12 厘米；雄蕊柱长 1.5～2 厘米，花药近无柄；柱头紫黑色，匙状盘形。蒴果卵状椭圆形，长 4～5 厘米，直径 2.5～3 厘米，被硬毛；种子多数，肾形，被柔毛组成的条纹多条。花期 8—10 月。

生活环境

生长于山谷草丛、田边或河岸灌丛间。喜光。

图 3-57　黄蜀葵

马松子

Melochia corchorifolia

梧桐科　马松子属

别名：野路葵

形态特征

半灌木状草本，高不及1米。枝黄褐色，略被星状短柔毛。叶薄纸质，卵形、矩圆状卵形或披针形，稀有不明显的3浅裂，长2.5～7厘米，宽1～1.3厘米，顶端急尖或钝，基部圆形或心形，边缘有锯齿，上面近于无毛，下面略被星状短柔毛，基生脉5条；托叶条形，长2～4毫米。花排成顶生或腋生的密聚伞花序或团伞花序；小苞片条形，混生在花序内；萼钟状，5浅裂，长约2.5毫米，外面被长柔毛和刚毛，内面无毛，裂片三角形；花瓣5片，白色，后变为淡红色，矩圆形，长约6毫米，基部收缩；雄蕊5枚，下部连合成筒，与花瓣对生；子房无柄，5室，密被柔毛，花柱5枚，线状。蒴果圆球形，有5棱，直径5～6毫米，被长柔毛，每室有种子1～2个；种子卵圆形，略成三角状，褐黑色，长2～3毫米。花期夏秋季。

生活环境

生长于山坡、路旁、河岸草丛中。

图3–58　马松子

地耳草

Hypericum japonicum

藤黄科　金丝桃属

别名：小元宝草、四方草、小连翘、和虾草

形态特征

一年生或多年生草本，高 2 ~ 45 厘米。叶无柄，叶片通常卵形或卵状三角形至长圆形或椭圆形，长 0.2 ~ 1.8 厘米，宽 0.1 ~ 1 厘米；先端近锐尖至圆形，基部心形抱茎至截形，边缘全缘。花序具 1 ~ 3 花，两歧状或有些呈单歧状，有或无侧生的小花枝。花直径 4 ~ 8 毫米，略微平展；花蕾圆柱状椭圆形，先端稍有钝形。花瓣白色、淡黄至橙黄色，椭圆形或长圆形，长 2 ~ 5 毫米，宽 0.8 ~ 1.8 毫米，先端钝形，无腺点，宿存。雄蕊 5 ~ 30 枚，不成束，长约 2 毫米，宿存，花药黄色，具松脂状腺体。子房 1 室，长 1.5 ~ 2 毫米；花柱 2 ~ 3，长 0.4 ~ 1 毫米，自基部离生，开展。蒴果短圆柱形至圆球形，长 2.5 ~ 6 毫米，宽 1.3 ~ 2.8 毫米，无腺条纹。种子淡黄色，圆柱形，长约 0.5 毫米，两端锐尖，无龙骨状突起和顶端的附属物，全面有细蜂窝纹。花期 3—6 月，果期 6—10 月。

生活环境

生长于山野、湖边、河岸等较潮湿的地方。

图 3–59　地耳草

长萼堇菜

Viola inconspicua

堇菜科　堇菜属

别名：犁头草

生活环境

生长于林缘、山坡、田边、河岸草地等处。广州各地常见。

形态特征

多年生草本，无地上茎。根状茎垂直或斜升，较粗壮，长 1 ~ 2 厘米，粗 2 ~ 8 毫米，节密生，通常被残留的褐色托叶所包被。叶均基生，呈莲座状；叶片三角形、三角状卵形或戟形，长 1.5 ~ 7 厘米，宽 1 ~ 3.5 厘米；叶柄长 2 ~ 7 厘米。花淡紫色，有暗色条纹；花梗细弱；萼片卵状披针形或披针形，长 4 ~ 7 毫米，顶端渐尖，基部附属物伸长，长 2 ~ 3 毫米，末端具缺刻状浅齿，具狭膜质缘；花瓣长圆状倒卵形，长 7 ~ 9 毫米，侧方花瓣里面基部有须毛；距管状，长 2.5 ~ 3 毫米，直，末端钝；下方雄蕊背部的距角状，长约 2.5 毫米，顶端尖，基部宽；子房球形，无毛，花柱棍棒状，长约 2 毫米，基部稍膝曲，顶端平，两侧具较宽的缘边，前方具明显的短喙，喙端具向上开口的柱头孔。蒴果长圆形，长 8 ~ 10 毫米，无毛。种子卵球形，长 1 ~ 1.5 毫米，直径 0.8 毫米。花果期 3—11 月。

图 3–60　长萼堇菜

香膏萼距花

Cuphea alsamona

千屈菜科　萼距花属

形态特征

一年生草本，高 12 ~ 60 厘米。小枝纤细，幼枝被短硬毛，后变无毛而稍粗糙。叶对生，薄革质，卵状披针形或披针状矩圆形，长 1.5 ~ 5 厘米，宽 5 ~ 10 毫米，顶端渐尖或阔渐尖，基部渐狭或有时近圆形，两面粗糙，幼时被粗伏毛，后变无毛；叶柄极短，近无柄。花细小，单生于枝顶或分枝的叶腋上，成带叶的总状花序；花梗极短，仅长约 1 毫米，顶部有苞片；花萼长 4.5 ~ 6 毫米，在纵棱上疏被硬毛；花瓣 6，等大，倒卵状披针形，长约 2 毫米，蓝紫色或紫色；雄蕊排成 2 轮，花丝基部有柔毛；子房矩圆形，花柱无毛，不突出，胚珠 4 ~ 8。花果期为春夏季。

生活环境

生长于湖边、河岸等湿润地上。原产于巴西、墨西哥。

图 3–61　香膏萼距花

草龙

Ludwigia hyssopifolia

柳叶菜科　丁香蓼属

别名：细叶水丁香、线叶丁香蓼

生活环境

生长于田边、水沟、河滩、塘边、湿草地等湿润向阳处。

形态特征

一年生直立草本。茎高 60 ~ 200 厘米，粗 5 ~ 20 毫米，基部常木质化，常三棱形或四棱形，多分枝。叶披针形至线形，长 2 ~ 10 厘米，宽 0.5 ~ 1.5 厘米；叶柄长 2 ~ 10 毫米；托叶三角形，长约 1 毫米，或不存在。花腋生，花瓣 4，黄色，倒卵形或近椭圆形，长 2 ~ 3 毫米，宽 1 ~ 2 毫米，先端钝圆，基部楔形；雄蕊 8，淡绿黄色，花丝不等长，对萼的长 1 ~ 2 毫米，对瓣生的长 0.5 ~ 1 毫米；花盘稍隆起，围绕雄蕊基部有密腺；花柱淡黄绿色，长 0.8 ~ 1.2 毫米；柱头头状，直径约 1 毫米，顶端略凹，浅 4 裂，上部接受花粉。蒴果近无梗，幼时近四棱形，熟时近圆柱状，长 1 ~ 2.5 厘米，直径 1.5 ~ 2 毫米，上部 1/5 ~ 1/3 增粗，被微柔毛，果皮薄。花果期几乎全年。

图 3–62　草龙

毛草龙

Ludwigia octovalvis

柳叶菜科　丁香蓼属

别名：针筒刺、草里金钗、扫锅草

形态特征

多年生粗壮直立草本，有时基部木质化，甚至亚灌木状。高 50 ~ 200 厘米，粗 5 ~ 18 毫米，多分枝，稍具纵棱，常被伸展的黄褐色粗毛。叶披针形至线状披针形，长 4 ~ 12 厘米，宽 0.5 ~ 2.5 厘米，两面被黄褐色粗毛，边缘具毛；萼片 4，卵形，长 6 ~ 9 毫米，宽 3 ~ 5 毫米，先端渐尖，基出 3 脉，两面被粗毛；花瓣黄色，倒卵状楔星，长 7 ~ 14 毫米，宽 6 ~ 10 毫米，先端钝圆形或微凹，基部楔形，具侧脉 4 ~ 5 对；花盘隆起，基部围以白毛，子房圆柱状，密被粗毛。蒴果圆柱状，具 8 条棱，绿色至紫红色，长 2.5 ~ 3.5 厘米，粗 3 ~ 5 毫米，被粗毛，熟时迅速并不规则地室背开裂；果梗长 3 ~ 10 毫米。种子每室多列，离生，近球状或倒卵状，一侧稍内陷，直径 0.6 ~ 0.7 毫米，种脊明显，与种子近等长，表面具横条纹。花期 6—8 月，果期 8—11 月。

生活环境

生长于田边、湖塘边、沟谷旁及开旷湿润处。

图 3-63　毛草龙

细花丁香蓼

Ludwigia perennis

柳叶菜科　丁香蓼属

别名：小花水丁香

形态特征

一年生直立草本，高 10 ~ 80 厘米。茎常分枝；叶椭圆状或卵状披针形，稀线形，长 3 ~ 10 厘米，宽 0.4 ~ 2.5 厘米，先端渐狭或长渐尖，基部狭楔形；叶柄长 3 ~ 15 毫米，两侧有下延的叶片形成柄翅。花瓣黄色，椭圆形或倒卵状长圆形，长 1.4 ~ 2.5 毫米，宽 0.6 ~ 1.5 毫米，先端圆形，基部楔形；雄蕊与萼片同数，稀更多，花丝长 0.6 ~ 1.2 毫米；花药宽椭圆状，直径约 0.4 毫米，开花时以四合花粉授于柱头上；花柱与花丝近等长，柱头近头状，直径 0.4 ~ 0.5 毫米，顶端微凹；花盘围以柱头基部，果时革质；子房近无毛或疏被微柔毛。蒴果圆柱状，果壁薄，长 0.8 ~ 1.5 厘米，粗 2.5 ~ 3.5 毫米，带紫红色，后转淡褐色；顶端截形，果 4 室，熟时迅速不规则室背开裂。种子在每室多列，游离生，椭圆状或倒卵状肾形；种脊狭长，不明显，淡白色。花期 4—10 月，果期 7—11 月。

生活环境

生长于池塘、水田湿地、河岸草丛、河床沙地等。

图 3-64　细花丁香蓼

水龙

Ludwigia adscendens

柳叶菜科　丁香蓼属

别名：草里银钗、过塘蛇、猪肥草

形态特征

多年生浮水或上升草本。浮水茎节上常簇生圆柱状或纺锤状白色海绵状贮气的根状浮器，具多数须状根；浮水茎长可达3米，直立茎高达60厘米，无毛。叶倒卵形、椭圆形或倒卵状披针形，长3～6.5厘米，宽1.2～2.5厘米，先端常钝圆，有时近锐尖，基部狭楔形，侧脉6～12对。花单生于上部叶腋，花瓣乳白色，基部淡黄色，倒卵形，长8～14毫米，宽5～9毫米，先端圆形；雄蕊10，花丝白色；花药卵状长圆形，长1.5～2毫米，花粉粒以单体授粉；花盘隆起，近花瓣处有蜜腺；花柱白色，长4～6毫米，下部被毛；柱头近球状，5裂，淡绿色，直径1.5～2毫米，上部接受花粉；子房被毛，花梗长2.5～6.5厘米。蒴果淡褐色，圆柱状，具10条纵棱，长2～3厘米，直径3～4毫米，果皮薄，不规则开裂。种子在每室单列纵向排列，淡褐色，牢固地嵌入木质硬内果皮内，椭圆状，长1～1.3毫米。花期4—8月，果期8—11月。

生活环境

生长于水田、浅水塘、流速慢的河流浅水中。

图3–65　水龙

华凤仙

Impatiens chinensis

凤仙花科　凤仙花属

形态特征

一年生草本，高 30 ~ 60 厘米。茎纤细，无毛，上部直立，下部横卧，节略膨大，有不定根。叶对生，无柄或几无柄；叶片硬纸质，线形或线状披针形，长 2 ~ 10 厘米，宽 0.5 ~ 1 厘米，先端尖或稍钝，基部近心形或截形，有托叶状的腺体，边缘疏生刺状锯齿。花较大，单生或 2 ~ 3 朵簇生于叶腋，无总花梗，紫红色或白色；花梗细，长 2 ~ 4 厘米，一侧常被硬糙毛；苞片线形，位于花梗的基部；侧生萼片 2，线形，长约 10 毫米，宽约 1 毫米，先端尖，唇瓣漏斗状，长约 15 毫米，具条纹，基部渐狭成内弯或旋卷的长距；旗瓣圆形，直径约 10 毫米，先端微凹，背面中肋具狭翅，顶端具小尖，翼瓣无柄，长 14 ~ 15 毫米，2 裂，下部裂片小，近圆形，上部裂片宽倒卵形至斧形，先端钝圆，外缘近基部具小耳；雄蕊 5，花丝线形，扁，花药卵球形，顶端钝；子房纺锤形，直立，稍尖。蒴果椭圆形，中部膨大，顶端喙尖，无毛。种子数粒，圆球形，直径约 2 毫米，黑色，有光泽。

生活环境

生长于池塘、水沟旁、田边或沼泽地。

图 3–66　华凤仙

刺芹

Eryngium foetidum

伞形科　刺芹属

别名：假芫荽、野香草

形态特征

二年生或多年生草本，高 11 ~ 50 厘米，主根纺锤形。茎绿色直立，粗壮，无毛，有数条槽纹，上部有 3 ~ 5 歧聚伞式的分枝。基生叶披针形或倒披针形不分裂，革质，长 5 ~ 25 厘米，宽 1.2 ~ 4 厘米；叶柄短，基部有鞘可达 3 厘米；茎生叶着生在每一叉状分枝的基部，对生，无柄，边缘有深锯齿，齿尖刺状，顶端不分裂或 3 ~ 5 深裂。头状花序生长于茎的分叉处及上部枝条的短枝上，呈圆柱形，长 0.5 ~ 1.2 厘米，宽 3 ~ 5 毫米。果卵圆形或球形，长 1.1 ~ 1.3 毫米，宽 1.2 ~ 1.3 毫米，表面有瘤状突起，果棱不明显。花果期 4—12 月。

生活环境

生长于丘陵、山地林下、路旁、沟边等湿润处。

图 3–67　刺芹

水芹

Oenanthe javanica

伞形科　水芹属

别名：水芹菜、野芹菜

生活环境

多生长于浅水低洼地方或池沼、水沟旁。

形态特征

多年生草本，高 15 ~ 80 厘米。茎直立或基部匍匐；基生叶有柄，柄长达 10 厘米，基部有叶鞘；叶片轮廓三角形，1 ~ 2 回羽状分裂，末回裂片卵形至菱状披针形，长 2 ~ 5 厘米，宽 1 ~ 2 厘米，边缘有牙齿或圆齿状锯齿；茎上部叶无柄，裂片和基生叶的裂片相似，较小。复伞形花序顶生，花序梗长 2 ~ 16 厘米；无总苞；伞辐 6 ~ 16，不等长，长 1 ~ 3 厘米，直立和展开；小总苞片 2 ~ 8，线形，长约 2 ~ 4 毫米；小伞形花序有花 20 余朵，花柄长 2 ~ 4 毫米；萼齿线状披针形，长与花柱基相等；花瓣白色，倒卵形，长 1 毫米，宽 0.7 毫米，有一长而内折的小舌片；花柱基圆锥形，花柱直立或两侧分开，长 2 毫米。果实近于四角状椭圆形或筒状长圆形，长 2.5 ~ 3 毫米，宽 2 毫米，侧棱较背棱和中棱隆起，木栓质，分生果横剖面近于五边状的半圆形。花期 6—7 月，果期 8—9 月。

图 3–68　水芹

天胡荽

Hydrocotyle sibthorpioides

伞形科　天胡荽属

别名：鹅不食草、小叶铜钱草

形态特征

多年生草本，有气味。茎细长而匍匐，平铺地上成片，节上生根。叶片膜质至草质，圆形或肾圆形，长 0.5 ~ 1.5 厘米，宽 0.8 ~ 2.5 厘米；基部心形，两耳有时相接，不分裂或 5 ~ 7 裂，裂片阔倒卵形；边缘有钝齿，表面光滑，背面脉上疏被粗伏毛，有时两面光滑或密被柔毛；叶柄长 0.7 ~ 9 厘米，无毛或顶端有毛。伞形花序与叶对生，单生于节上；花序梗纤细，长 0.5 ~ 3.5 厘米，短于叶柄 1 ~ 3.5 倍；小总苞片卵形至卵状披针形，长 1 ~ 1.5 毫米，膜质，有黄色透明腺点，背部有 1 条不明显的脉；小伞形花序有花 5 ~ 18，花无柄或有极短的柄，花瓣卵形，长约 1.2 毫米，绿白色，有腺点；花丝与花瓣同长或稍超出，花药卵形；花柱长 0.6 ~ 1 毫米。果实略呈心形，长 1 ~ 1.4 毫米，宽 1.2 ~ 2 毫米，两侧扁压，中棱在果熟时极为隆起，幼时表面草黄色，成熟时有紫色斑点。花果期 4—9 月。

生活环境

生长于湿润的草地、河沟边、林下。适应性广，覆盖能力强，可在短时间形成致密草坪。

图 3–69　天胡荽

泽珍珠菜

Lysimachia candida

报春花科　珍珠菜属

别名：白水花

形态特征

一年生或二年生草本，全体无毛。茎单生或数条簇生，直立，高 10 ~ 30 厘米。基生叶匙形或倒披针形，长 2.5 ~ 6 厘米，宽 0.5 ~ 2 厘米，具有狭翅的柄；茎叶互生，很少对生，叶片倒卵形、倒披针形或线形，长 1 ~ 5 厘米，宽 2 ~ 12 毫米，先端渐尖或钝，基部渐狭，下延，边缘全缘或微皱呈波状，两面均有黑色或带红色的小腺点，无柄或近于无柄。总状花序顶生，初时因花密集而呈阔圆锥形，其后渐伸长，果时长 5 ~ 10 厘米；苞片线形，长 4 ~ 6 毫米；花梗长约为苞片的 2 倍，花序最下方的长达 1.5 厘米；花萼长 3 ~ 5 毫米，分裂近达基部，裂片披针形，边缘膜质，背面沿中肋两侧有黑色短腺条；花冠白色，长 6 ~ 12 毫米，筒部长 3 ~ 6 毫米，裂片长圆形或倒卵状长圆形，先端钝圆；雄蕊稍短于花冠，花丝贴生至花冠的中下部，分离部分长约 1.5 毫米；花药近线形，长约 1.5 毫米。花期 1—6 月，果期 2—7 月。

生活环境

生长于田边、溪边和山坡路旁的潮湿处。

图 3–70　泽珍珠菜

红根草

Lysimachia fortunei

报春花科　珍珠菜属

别名：散血草、大田基黄、红脚兰

形态特征

多年生草本，全株无毛。根状茎横走，紫红色；茎直立，高30～70厘米，圆柱形，有黑色腺点，基部紫红色，通常不分枝，嫩梢和花序轴具褐色腺体。叶互生，近于无柄，叶片长圆状披针形至狭椭圆形，长4～11厘米，宽1～2.5厘米；先端渐尖或短渐尖，基部渐狭，两面均有黑色腺点，干后成粒状突起。总状花序顶生，细瘦，长10～20厘米；苞片披针形，长2～3毫米；花梗与苞片近等长或稍短；花萼长约1.5毫米，分裂近达基部，裂片卵状椭圆形，先端钝，周边膜质，有腺状缘毛，背面有黑色腺点；花冠白色，长约3毫米，基部合生部分长约1.5毫米，裂片椭圆形或卵状椭圆形，先端钝圆，有黑色腺点。蒴果球形，直径2～2.5毫米。花期6—8月，果期8—11月。

生活环境

生长于沟边、田边等低湿处。

图3–71　红根草

水田白

Mitrasacme pygmaea

马钱科　尖帽草属

别名：短形尖巾草、多形姬苗

生活环境

生长于旷野、田边、河岸草地。

形态特征

一年生草本，高 20 厘米。茎圆柱形，直立，纤细。叶对生，疏离，在茎基部呈莲座式轮生，叶片草质，卵形、长圆形或线状披针形，长 4～12 毫米，宽 1～5 毫米，顶端钝、急尖至渐尖，基部阔楔形，上面近无毛，下面、边缘及叶脉被白色长硬毛。花单生于侧枝的顶端或数朵组成稀疏而不规则的顶生或腋生伞形花序；花梗纤细，长 5～9 毫米；花萼钟状，长 1.5～2.8 毫米，裂片 4，三角状披针形，与花萼管等长；花冠白色或淡黄色，钟状，长 3～6 毫米，花冠管喉部被疏髯毛，花冠裂片 4，近圆形，长达 1.5 毫米；雄蕊 4，内藏，花丝长 1.5～3 毫米，花药卵状长圆形至箭头状，顶端急尖；雌蕊长达 4.5 毫米，子房长约 1 毫米，花柱丝状，基部分离，1/3 以上合生，柱头顶端 2 裂。蒴果近圆球状，直径约 3 毫米，基部被宿存的花萼所包藏，顶端宿存的花柱中部以上合生；果梗长约 15 毫米。花期 6—7 月，果期 8—9 月。

图 3-72　水田白

篱栏网

Merremia hederacea

旋花科　鱼黄草属

别名：蛤仔藤、金花茉栾藤、鱼黄草

形态特征

缠绕或匍匐草本，匍匐时下部茎上生须根。茎细长，有细棱，无毛或疏生长硬毛。叶心状卵形，长1.5～7.5厘米，宽1～5厘米；顶端钝，渐尖，具小短尖头，基部心形或深凹；全缘或通常具不规则的粗齿或锐裂齿，有时为深或浅3裂；两面近于无毛或疏生微柔毛。聚伞花序腋生，有3～5朵花，有时更多或偶为单生；花梗长2～5毫米，连同花序梗均具小疣状突起；小苞片早落；萼片宽倒卵状匙形，或近于长方形，外方2片长3.5毫米，内方3片长5毫米，无毛，顶端截形，明显具外倾的凸尖；花冠黄色，钟状，长0.8厘米，外面无毛，内面近基部具长柔毛；雄蕊与花冠近等长，花丝下部扩大，疏生长柔毛；子房球形，花柱与花冠近等长，柱头球形。蒴果扁球形或宽圆锥形，4瓣裂，果瓣有皱纹，内含种子4粒，三棱状球形，长3.5毫米，表面被锈色短柔毛，种脐处毛簇生。

生活环境

生长于灌丛、路旁、河岸、干旱河床，于地上匍匐伸展或攀缘于其他植物之上。

图3–73　篱栏网

南方菟丝子

Cuscuta australis

旋花科　菟丝子属

别名：飞扬藤、金线藤

形态特征

一年生寄生草本。茎缠绕，金黄色，纤细，直径1毫米左右，无叶。花序侧生，少花或多花簇生成小伞形或小团伞花序，总花序梗近无；苞片及小苞片均小，鳞片状；花梗稍粗壮，长1~2.5毫米；花萼杯状，基部连合，裂片3~5，长圆形或近圆形，通常不等大，长0.8~1.8毫米，顶端圆；花冠乳白色或淡黄色，杯状，长约2毫米，裂片卵形或长圆形，顶端圆，约与花冠管等长，直立，宿存；雄蕊着生于花冠裂片弯缺处，比花冠裂片稍短；鳞片小，边缘短流苏状；子房扁球形，花柱2，等长或稍不等长，柱头球形。蒴果扁球形，直径3~4毫米，下半部为宿存花冠所包，成熟时不规则开裂，不为周裂。通常有4种子，淡褐色，卵形，长约1.5毫米，表面粗糙。

生活环境

寄生于田边和路旁的豆科、菊科蒿子、马鞭草科牡荆属等草本或小灌木上。

图3–74　南方菟丝子

三裂叶薯

Ipomoea triloba

旋花科　番薯属

别名：小花假番薯

形态特征

一年生草本。茎缠绕或有时平卧，无毛或散生毛，且主要在节上。叶宽卵形至圆形，长 2.5～7 厘米，宽 2～6 厘米，全缘或有粗齿或深 3 裂，基部心形。花序腋生，花序梗短于或长于叶柄，长 2.5～5.5 厘米，较叶柄粗壮，无毛，明显有棱角，顶端具小疣，1 朵花或少花至数朵花呈伞形状聚伞花序；萼片近相等或稍不等，长 5～8 毫米，外萼片稍短或近等长，长圆形，钝或锐尖，具小短尖头，背部散生疏柔毛，边缘明显有缘毛，内萼片有时稍宽，椭圆状长圆形，锐尖，具小短尖头，无毛或散生毛；花冠漏斗状，长约 1.5 厘米，无毛，淡红色或淡紫红色，冠檐裂片短而钝，有小短尖头；雄蕊内藏，花丝基部有毛；子房有毛。蒴果近球形，高 5～6 毫米，具花柱基形成的细尖，被细刚毛，2 室，4 瓣裂。种子 4 或较少，长 3.5 毫米，无毛。

生活环境

生长于路旁、荒草地、河岸草地等。原产于热带美洲，现已成为热带地区的杂草。

图 3-75　三裂叶薯

附地菜

Trigonotis peduncularis

紫草科　附地菜属

别名：地胡椒

生活环境

生长于平原、丘陵草地、林缘、湖边等湿润的土壤上。

形态特征

一年生或二年生草本。茎通常多条丛生，有时单一，密集，铺散，高 5 ~ 30 厘米；基部多分枝，被短糙伏毛。基生叶呈莲座状，有叶柄，叶片匙形，长 2 ~ 5 厘米；先端钝圆，基部楔形或渐狭，两面被糙伏毛，茎上部叶长圆形或椭圆形，无叶柄或具短柄。花序生茎顶，幼时卷曲，后渐次伸长，长 5 ~ 20 厘米，只在基部具 2 ~ 3 个叶状苞片，其余部分无苞片；花梗短，花后伸长，长 3 ~ 5 毫米，顶端与花萼连接部分变粗呈棒状；花冠淡蓝色或粉色，筒部甚短，檐部直径 1.5 ~ 2.5 毫米，裂片平展，倒卵形，先端钝圆，喉部附属 5，白色或带黄色。小坚果 4，斜三棱锥状四面体形，长 0.8 ~ 1 毫米，有短毛或平滑无毛，背面三角状卵形，具 3 锐棱，腹面的 2 个侧面近等大而基底面略小，凸起，具短柄，柄长约 1 毫米，向一侧弯曲。早春开花，花期甚长。

图 3–76　附地菜

柔弱斑种草

Bothriospermum tenellum

紫草科　斑种草属

别名：细茎斑种草

形态特征

一年生草本，高 15～30 厘米。茎细弱，丛生，直立或平卧，多分枝，被向上贴伏的糙伏毛。叶椭圆形或狭椭圆形，长 1～2.5 厘米，宽 0.5～1 厘米；先端钝，具小尖，基部宽楔形，上下两面被向上贴伏的糙伏毛或短硬毛。花序柔弱，细长，长 10～20 厘米；苞片椭圆形或狭卵形，长 0.5～1 厘米，宽 3～8 毫米，被伏毛或硬毛；花梗短，长 1～2 毫米，果期不增长或稍增长；花萼长 1～1.5 毫米，果期增大，长约 3 毫米，外面密生向上的伏毛，内面无毛或中部以上散生伏毛，裂片披针形或卵状披针形，裂至近基部；花冠蓝色或淡蓝色，长 1.5～1.8 毫米，基部直径 1 毫米，檐部直径 2.5～3 毫米，裂片圆形，长和宽约 1 毫米，喉部有 5 个梯形的附属物，附属物高约 0.2 毫米；花柱圆柱形，极短，长约 0.5 毫米，约为花萼的 1/3 或不及。小坚果肾形，长 1～1.2 毫米，腹面具纵椭圆形的环状凹陷。花果期 2—10 月。

生活环境

生长于山坡路边、田间草丛、山坡草地及溪边阴湿处。

图 3-77　柔弱斑种草

细风轮菜

Clinopodium gracile

唇形科　风轮菜属

别名：野凉粉草、假韩酸草、瘦风轮

生活环境

生长于路旁、沟边、空旷草地、林缘、灌丛中。

形态特征

纤细草本。茎多数，自匍匐茎生出，柔弱，上升，不分枝或基部具分枝，高 8 ~ 30 厘米，直径约 1.5 毫米，四棱形，具槽，被倒向的短柔毛。下部叶卵形，先端钝，基部圆形或楔形，边缘具疏牙齿或圆齿状锯齿，薄纸质，叶柄密被短柔毛；上部叶及苞叶卵状披针形，先端锐尖，边缘具锯齿。轮伞花序分离，或密集于茎端成短总状花序，疏花。花萼管状，基部圆形，花时长约 3 毫米，果时下倾，基部一边膨胀，长约 5 毫米，外面沿脉上被短硬毛，其余部分被微柔毛，内面喉部被稀疏小疏柔毛，上唇 3 齿，短，三角形，果时外反；下唇 2 齿，略长，先端钻状，平伸，齿均被睫毛。花冠白至紫红色，超过花萼长约 1/2 倍，外面被微柔毛，内面在喉部被微柔毛，冠筒向上渐扩大，冠檐二唇形，上唇直伸，先端微缺，下唇 3 裂，中裂片较大。小坚果卵球形。花期 3—8 月，果期 5—10 月。

图 3–78　细风轮菜

荔枝草

Salvia plebeian

唇形科　鼠尾草属

别名：鱼味草、荠苎

形态特征

一年生或二年生草本。茎直立，高 15 ~ 90 厘米，粗壮，多分枝，被向下的灰白色疏柔毛。叶椭圆状卵圆形或椭圆状披针形，长 2 ~ 6 厘米，宽 0.8 ~ 2.5 厘米，边缘具齿，被稀疏毛，余部散布黄褐色腺点。轮伞花序 6 花，多数，在茎、枝顶端密集组成总状或总状圆锥花序，花序长 10 ~ 25 厘米，结果时延长。花萼钟形，长约 2.7 毫米，外面被疏柔毛，散布黄褐色腺点，内面喉部有微柔毛，二唇形，唇裂约至花萼长 1/3；上唇全缘，先端具 3 个小尖头，下唇深裂成 2 齿，齿三角形，锐尖。花冠淡红、淡紫、紫、蓝紫至蓝色，罕见白色，长 4.5 毫米，冠檐二唇形：上唇长圆形，长约 1.8 毫米，宽 1 毫米，先端微凹，外面密被微柔毛，两侧折合；下唇长约 1.7 毫米，宽 3 毫米，外面被微柔毛，3 裂，中裂片最大，阔倒心形，顶端微凹或呈浅波状，侧裂片近半圆形。花果期 4—7 月。

生活环境

生长于山坡、路旁、沟边、田野潮湿的土壤上。

图 3–79　荔枝草

益母草

Leonurus artemisia

唇形科　益母草属

别名：益母蒿、假青麻草

生活环境

生长于田埂、路旁、溪边或山坡草地，尤以向阳地带为多。

形态特征

一年生或二年生草本。茎直立，通常高 30～120 厘米，钝四棱形，微具槽，有倒向糙伏毛。叶轮廓变化很大，茎下部叶轮廓为卵形，基部宽楔形，掌状 3 裂，裂片呈长圆状菱形至卵圆形，裂片上再分裂，有糙伏毛；茎中部叶轮廓为菱形，较小，通常分裂成 3 个或偶有多个长圆状线形的裂片。轮伞花序腋生，具 8～15 花。花萼管状钟形，长 6～8 毫米，5 脉，显著，齿 5，前 2 齿靠合，长约 3 毫米，后 3 齿较短，等长，长约 2 毫米，齿均宽三角形，先端刺尖。花冠粉红至淡紫红色，长 1～1.2 厘米，外面于伸出萼筒部分被柔毛，冠檐二唇形：上唇直伸，内凹，长圆形，长约 7 毫米，宽 4 毫米，全缘，内面无毛，边缘具纤毛；下唇略短于上唇，内面在基部疏被鳞状毛，3 裂，中裂片倒心形，先端微缺，边缘薄膜质，基部收缩，侧裂片卵圆形，细小。花期 6—9 月，果期 9—10 月。

图 3-80　益母草

地蚕

Stachys geobombycis

唇形科　水苏属

别名：五眼草

形态特征

多年生草本，高 40 ~ 50 厘米。根茎横走，肉质，肥大，在节上生出纤维状须根。茎直立，四棱形，具四槽，在棱及节上疏被刚毛。茎叶长圆状卵圆形，长 4.5 ~ 8 厘米，宽 2.5 ~ 3 厘米；先端钝，基部浅心形或圆形，边缘有粗大锯齿。轮伞花序腋生，4 ~ 6 花，远离，组成长 5 ~ 18 厘米的穗状花序。花冠淡紫至紫蓝色，亦有淡红色，长约 1.1 厘米，冠筒长约 7 毫米，圆柱形，外面在上面被微柔毛，内面近基部 1/3 处有微柔毛环，冠檐二唇形：上唇直伸，长圆状卵圆形，长 4 毫米，宽 2.5 毫米，外面被微柔毛，内面无毛；下唇水平开展，轮廓卵圆形，长 5 毫米，宽 4 毫米，外面被微柔毛，内面在中部散布微柔毛，3 裂，中裂片最大，长卵圆形，侧裂片卵圆形。雄蕊 4，前对稍长，均上升至上唇片之下，花丝丝状，中部以下被微柔毛，花药卵圆形，2 室，室略叉开，其后极叉开。花柱丝状，略超出雄蕊，先端相等 2 浅裂。花期 4—5 月。

生活环境

生长于荒地、草丛湿润地及积水处。

图 3-81　地蚕

广防风

Epimeredi indica

唇形科　广防风属

别名：防风草、上防风

形态特征

直立草本，粗壮，分枝。茎高 1 ~ 2 米，四棱形，具浅槽，密被白色贴生短柔毛。叶阔卵圆形，长 4 ~ 9 厘米，宽 2.5 ~ 6.5 厘米；先端急尖或短渐尖，基部截状阔楔形，边缘有不规则的齿，叶背有极密的白色短绒毛。轮伞花序在主茎及侧枝的顶部排列成稠密或间断的直径约 2.5 厘米的长穗伏花序。花萼钟形，长约 6 毫米，外面被长硬毛及混生的腺柔毛，其间杂有黄色小腺点。花冠淡紫色，长约 1.3 厘米，外面无毛，内面在冠筒中部有斜向间断小疏柔毛毛环，冠筒基部宽约 1.7 毫米，向上渐变宽大，至口部宽达 3.5 毫米，冠檐二唇形：上唇直伸，长圆形，长 4.5 ~ 5 毫米，宽 3 毫米，全缘；下唇呈水平扩展，长 9 毫米，宽 5 毫米，3 裂，中裂片倒心形，长约 3 毫米，宽约 4.5 毫米，边缘微波状，内面中部具髯毛，侧裂片较小，卵圆形。花期 5—9 月，果期 7—11 月。

生活环境

生长于林缘、路旁、河岸等荒地上。

图 3-82　广防风

石荠苎

Mosla scabra

唇形科　石荠苎属

别名：水苋菜、野薄荷

形态特征

一年生草本。茎高20～100厘米，多分枝，分枝纤细，茎、枝均四棱形，具细条纹，密被短柔毛。叶卵形或卵状披针形，长1.5～3.5厘米，宽0.9～1.7厘米，自基部以上为锯齿状，纸质。总状花序生于主茎及侧枝上，长2.5～15厘米；苞片卵形，长2.7～3.5毫米，先端尾状渐尖，花时及果时均超过花梗；花梗花时长约1毫米，果时长至3毫米，与序轴密被灰白色小疏柔毛。花萼钟形，长约2.5毫米，宽约2毫米，外面被疏柔毛，二唇形：上唇3齿，呈卵状披针形，先端渐尖，中齿略小；下唇2齿，线形，先端锐尖，果时花萼长至4毫米，宽至3毫米，脉纹显著。花冠粉红色，长4～5毫米，冠筒向上渐扩大，冠檐二唇形：上唇直立，扁平，先端微凹；下唇3裂，中裂片较大，边缘具齿。小坚果黄褐色，球形，直径约1毫米，具深雕纹。花果有清香。花期5—11月，果期9—11月。

生活环境

生长于山坡、路旁、灌丛、河岸。

图3-83　石荠苎

苦蘵

Physalis angulata

茄科　酸浆属

别名：灯笼草

形态特征

一年生草本，被疏短柔毛或近无毛，高常 30 ~ 50 厘米；茎多分枝，分枝纤细。叶柄长 1 ~ 5 厘米；叶片卵形至卵状椭圆形，顶端渐尖或急尖，基部阔楔形或楔形，全缘或有不等大的牙齿，两面近无毛，长 3 ~ 6 厘米，宽 2 ~ 4 厘米。花梗长 5 ~ 12 毫米，纤细，具短柔毛；花萼长 4 ~ 5 毫米，5 中裂，裂片披针形，生缘毛；花冠淡黄色，喉部常有紫色斑纹，长 4 ~ 6 毫米，直径 6 ~ 8 毫米；花药蓝紫色或有时黄色，长约 1.5 毫米。果萼卵球状，直径 1.5 ~ 2.5 厘米，薄纸质，状似灯笼；浆果直径约 1.2 厘米。种子圆盘状，长约 2 毫米。花果期 5—12 月。

生活环境

生长于山谷林下、村边路旁、河岸干旱处。

图 3–84　苦蘵

形态特征

纤弱草本，茎无毛或近于无毛，高约1米。叶薄，卵形至卵状长圆形，长4~8厘米，宽2~4厘米；先端渐尖，基部楔形下延至叶柄而成翅，叶缘近全缘，波状或有不规则的粗齿；叶柄纤细，长1~2厘米，具疏柔毛。花序近伞形，腋外生，纤细，具微柔毛，着生1~6朵花，总花梗长1~2厘米，花梗长5~8毫米，花小，直径约7毫米；萼绿色，直径约2毫米，5裂达中部，裂片卵形，先端钝，长约1毫米，具缘毛；花冠白色，筒部隐于萼内，长不及1毫米，冠檐长约3.5毫米，5裂，裂片卵状披针形，长约2.5毫米；花丝极短，花药黄色，长圆形，长1.5毫米，为花丝长度的3~4倍，顶孔向内；子房近圆形，直径不及1毫米，花柱纤细，长约2毫米，中部以下具白色绒毛，柱头小，头状。浆果球状，直径约5毫米，幼时绿色，成熟后黑色；种子近卵形，两侧扁压，直径1~1.5毫米。全年均开花结果。

少花龙葵

Solanum photeinocarpum

茄科　茄属

别名：白花菜、扣子草

生活环境

生长于溪边、密林阴湿处或林边荒地。

图3-85　少花龙葵

龙葵

Solanum nigrum

茄科　茄属

别名：假灯龙草

生活环境

生长于溪边、密林阴湿处或林边荒地。

形态特征

一年生直立草本，高 0.25 ~ 1 米。茎无棱或棱不明显，绿色或紫色，近无毛或被微柔毛。叶卵形，长 2.5 ~ 10 厘米，宽 1.5 ~ 5.5 厘米；先端短尖，基部楔形至阔楔形而下延至叶柄，全缘或每边具不规则的波状粗齿，光滑或两面均被稀疏短柔毛，叶脉每边 5 ~ 6 条，叶柄长 1 ~ 2 厘米。蝎尾状花序腋外生，由 3 ~ 10 朵花组成，总花梗长 1 ~ 2.5 厘米，花梗长约 5 毫米，近无毛或具短柔毛；萼小，浅杯状，直径 1.5 ~ 2 毫米，齿卵圆形，先端圆，基部两齿间连接处成角度；花冠白色，筒部隐于萼内，长不及 1 毫米，冠檐长约 2.5 毫米，5 深裂，裂片卵圆形，长约 2 毫米；花丝短，花药黄色，长约 1.2 毫米，约为花丝长度的 4 倍，顶孔向内；子房卵形，直径约 0.5 毫米，花柱长约 1.5 毫米，中部以下被白色绒毛，柱头小，头状。浆果球形，直径约 8 毫米，熟时黑色。种子多数，近卵形，直径 1.5 ~ 2 毫米，两侧扁压。

图 3–86　龙葵

水苦荬

Veronica undulata

玄参科　婆婆纳属

别名：水莴苣、水菠菜

形态特征

一年生或二年生草本。全体无毛，或于花柄及苞片上稍有细小腺状毛。茎直立，高 25 ~ 90 厘米，富肉质，中空，有时基部略倾斜。叶对生；长圆状披针形或长圆状卵圆形，长 4 ~ 7 厘米，宽 8 ~ 15 毫米，先端钝圆或尖锐，全缘或具波状齿，基部呈耳廓状微抱茎上；无柄。总状花序腋生，长 5 ~ 15 厘米；苞片椭圆形，细小，互生；花有柄；花萼 4 裂，裂片狭长椭圆形，先端钝；花冠淡紫色或白色，具淡紫色的线条；雄蕊 2，突出；雌蕊 1，子房上位，花柱 1 枚，柱头头状。蒴果近圆形，先端微凹，长度略大于宽度，常有小虫寄生，寄生后果实常膨大成圆球形。果实内藏多数细小的种子，长圆形，扁平；无毛。花期 4—6 月。

生活环境

生长于水边及沼地。

图 3–87　水苦荬

野甘草

Scoparia dulcis

玄参科　野甘草属

别名：冰糖草

形态特征

直立草本或为半灌木状，高可达 100 厘米。茎多分枝，枝有棱角及狭翅，无毛。叶对生或轮生，菱状卵形至菱状披针形，长者达 35 毫米，宽者达 15 毫米，枝上部叶较小而多；顶端钝，基部长渐狭，全缘而成短柄，前半部有齿，齿有时颇深，有一些呈缺刻状，有时近全缘，两面无毛。花单朵或更多成对生于叶腋，花梗细，长 5～10 毫米，无毛；无小苞片，萼分生，齿 4，卵状矩圆形，长约 2 毫米，顶端有钝头，具睫毛，花冠小，白色，直径约 4 毫米，有极短的管，喉部生有密毛，瓣片 4，上方 1 枚稍稍较大，钝头，而缘有啮痕状细齿，长 2～3 毫米；雄蕊 4，近等长，花药箭形，花柱挺直，柱头截形或凹入。蒴果卵圆形至球形，直径 2～3 毫米，室间室背均开裂，中轴胎座宿存。

生活环境

生长于荒地、路旁、河岸等阳光充足的地方。原产于美洲热带，现已广布于全球热带。

图 3-88　野甘草

通泉草

Mazus japonicus

玄参科　通泉草属

别名：白花草、虎仔草

形态特征

一年生草本，高 3 ~ 30 厘米。本种在体态上变化幅度很大，茎 1 ~ 5 根或有时更多，直立，上升或倾卧状上升；着地部分节上常能长出不定根，分枝多而披散。基生叶少到多数，有时成莲座状或早落，倒卵状匙形至卵状倒披针形，膜质至薄纸质，长 2 ~ 6 厘米，顶端全缘或有不明显的疏齿，基部楔形，下延成带翅的叶柄，边缘具不规则的粗齿或基部有 1 ~ 2 片浅羽裂；茎生叶对生或互生，少数，与基生叶相似或几乎等大。总状花序生于茎、枝顶端，常在近基部即生花，伸长或上部成束状，通常 3 ~ 20 朵，花稀疏；花梗在果期长达 10 毫米，上部的较短；花萼钟状，花期长约 6 毫米，果期多少增大，萼片与萼筒近等长，卵形，端急尖，脉不明显；花冠白色、紫色或蓝色，长约 10 毫米，上唇裂片卵状三角形，下唇中裂片较小，稍突出，倒卵圆形；子房无毛。花果期 2—10 月。

生活环境

生长于湿润的草坡、沟边、路旁及林缘。

图 3-89　通泉草

圆叶母草

Lindernia rotundifolia

玄参科　母草属

别名：迷你虎耳草

形态特征

一年生草本。大多少肉质，下部的节上生根；茎匍匐，多分枝，高达 20 厘米；茎圆柱形，在一侧有浅凹槽。叶宽卵形或圆形，长 3～13 毫米，宽 4～12 毫米，基部截平，先端钝圆，全缘。花单生于叶腋。花梗纤弱，无毛。花萼裂至基部，裂片披针形，先端急尖，两面密具腺毛。花冠长 10～15 毫米，蕾时黄色，成熟时蓝白色，裂片上面及喉部内面具深蓝色斑块；花管长 8～10 毫米，两面无毛；上唇阔锥形，长约 5 毫米，宽约 3 毫米，顶端 2 浅裂；下唇 3 裂，裂片宽卵圆形或卵圆形，中裂片较侧裂片略大，长约 5 毫米，宽约 4 毫米。雄蕊 2，着生于喉管中部，花丝长约 1.5 毫米，无毛。退化雄蕊 2，线形，长约 4 毫米，顶端棒状，弯曲伸出于花管之外，深蓝色；基部具黄色粗腺点，在花冠管上下延呈脊状。花柱无毛；柱头薄片状。蒴果卵球形，无毛。种子矩圆形，淡褐色。花果期 3—8 月。

生活环境

生长于水稻田边、菜地池塘边、河沟边。喜潮湿。

图 3–90　圆叶母草

狭叶母草

Lindernia angustifolia

玄参科　母草属

别名：羊角草

形态特征

一年生草本。少数植株为亚直立而几乎无分枝，多数植株有极多的分枝；下部弯曲上升，长 40 厘米以上。根须状而多，茎枝有条纹而无毛。叶几无柄；叶片条状披针形至披针形或条形，长 1 ~ 4 厘米，宽 2 ~ 8 毫米；顶端渐尖而钝圆，基部楔形成极短的狭翅，全缘或有少数不整齐的细圆齿，脉自基部发出 3 ~ 5 条，两面无毛。花单生于叶腋，有长梗，梗在果时伸长达 35 毫米，无毛，有条纹；萼齿 5，仅基部联合，狭披针形，长约 2.5 毫米，果时长达 4 毫米，顶端钝圆或急尖，无毛；花冠紫色、蓝紫色或白色，长约 6.5 毫米，上唇 2 裂，卵形，圆头，下唇开展，3 裂，仅略长于上唇；雄蕊 4，全育，前面 2 枚花丝的附属物丝状；花柱宿存，形成细喙。蒴果条形，长达 14 毫米，比宿萼长约 2 倍；种子矩圆形，浅褐色，有蜂窝状孔纹。花期 3—10 月，果期 7—11 月。

生活环境

生长于海拔 1 500 米以下的水田、河流旁等低湿处。

图 3–91　狭叶母草

母草

Lindernia crustacea

玄参科　母草属

别名：四方草

形态特征

一年生草本。根须状；高 10 ~ 20 厘米，常铺散成密丛，多分枝，枝弯曲上升，微方形有深沟纹，无毛。叶柄长 1 ~ 8 毫米；叶片三角状卵形或宽卵形，长 10 ~ 20 毫米，宽 5 ~ 11 毫米；顶端钝或短尖，基部宽楔形或近圆形，边缘有浅钝锯齿，上面近于无毛，下面沿叶脉有稀疏柔毛或近于无毛。花单生于叶腋或在茎枝之顶成极短的总状花序，花梗细弱，长 5 ~ 22 毫米，有沟纹，近于无毛；花萼坛状，长 3 ~ 5 毫米，成腹面较深，而侧、背均开裂较浅的 5 齿，齿三角状卵形，中肋明显，外面有稀疏粗毛；花冠紫色，长 5 ~ 8 毫米，管略长于萼；上唇直立，卵形，钝头，有时 2 浅裂；下唇 3 裂，中间裂片较大，仅稍长于上唇；雄蕊 4，全育，2 强；花柱常早落。蒴果椭圆形，与宿萼近等长；种子近球形，浅黄褐色，有明显的蜂窝状瘤突。花果期全年。

生活环境

生长于田边、草地、路边等低湿处。广州湿地极常见。

图 3-92　母草

陌上菜

Lindernia procumbens

玄参科　母草属

别名：对座神仙

形态特征

直立草本。根细密成丛；茎高 5 ~ 20 厘米，基部多分枝，无毛。叶无柄；叶片椭圆形至矩圆形略带菱形，长 1 ~ 2.5 厘米，宽 6 ~ 12 毫米；顶端钝至圆头，全缘或有不明显的钝齿，两面无毛，叶脉并行，自叶基发出 3 ~ 5 条。花单生于叶腋，花梗纤细，长 1.2 ~ 2 厘米，比叶长，无毛；萼仅基部联合，齿 5，条状披针形，长约 4 毫米，顶端钝头，外面微被短毛；花冠粉红色或紫色，长 5 ~ 7 毫米，管长约 3.5 毫米，向上渐扩大；上唇短，长约 1 毫米，2 浅裂；下唇大于上唇，长约 3 毫米，3 裂；侧裂椭圆形较小，中裂圆形，向前突出；雄蕊 4，全育，前方 2 枚雄蕊的附属物腺体状而短小；花药基部微凹；柱头 2 裂。蒴果球形或卵球形，与萼近等长或略过之，室间 2 裂；种子多数，有格纹。花期 7—10 月，果期 9—11 月。

生活环境

生长于田地、水边及潮湿处。广州湿地常见。

图 3–93　陌上菜

泥花草

Lindernia antipoda

玄参科　母草属

别名：水虾子草、水辣椒

生活环境

生长于田边及潮湿的草地中。

形态特征

一年生草本，根须状成丛。茎幼时亚直立，长大后多分枝；枝基部匍匐，下部节上生根，弯曲上升，高可达30厘米；茎枝有沟纹，无毛。叶片矩圆形、矩圆状披针形、矩圆状倒披针形或几为条状披针形，长0.3～4厘米，宽0.6～1.2厘米；基部下延有宽短叶柄，而近于抱茎，边缘有锯齿或近于全缘，两面无毛。花多在茎枝之顶成总状着生，花序长者可达15厘米，含花2～20朵；苞片钻形；花梗有条纹，顶端变粗，长者可达1.5厘米；萼仅基部联合，齿5，条状披针形，沿中肋和边缘略有短硬毛；花冠紫色、紫白色或白色，长可达1厘米，管长可达7毫米，上唇2裂，下唇3裂，上、下唇近等长；后方一对雄蕊有性，前方一对退化，药消失，花丝端钩曲有腺；花柱细，柱头扁平，片状。蒴果圆柱形，顶端渐尖，长约为宿萼的2倍或较多。花果期春季至秋季。

图 3-94　泥花草

刺齿泥花草

Lindernia ciliata

玄参科　母草属

别名：齿叶泥花草、水丁黄

形态特征

一年生草本。直立或在多枝的个体中铺散，高达 20 厘米，在大植株中占地直径可达 30 厘米，枝倾卧。叶无柄或几无柄或有极短而抱茎的叶柄；叶片矩圆形至披针状矩圆形，长 7 ~ 45 毫米，宽 3 ~ 12 毫米；顶端急尖或钝，边缘有紧密而带芒刺的锯齿，齿缘略角质化而稍变厚，两面均近于无毛。花序总状，生于茎枝之顶；苞片披针形；花梗有条纹，无毛；萼长约 5 毫米，仅基部联合，齿狭披针形，有刺尖头，边缘略带膜质；花冠小，浅紫色或白色，长约 7 毫米，管细，长达 4.5 毫米，向上稍稍扩大；上唇卵形，下唇约与上唇等长，常作不等的 3 裂，中裂片很大，向前凸出，圆头；后方 2 枚雄蕊有性，前方 2 枚退化雄蕊在下唇基部凸起为褶襞；花柱约与有性雄蕊等长。蒴果长荚状圆柱形，顶端有短尖头，长约宿萼的 3 倍；种子多数呈不整齐的三棱形。花果期夏季至冬季。

生活环境

生长于稻田、草地、荒地和路旁等低湿处。

图 3–95　刺齿泥花草

紫斑蝴蝶草

Torenia fordii

玄参科　蝴蝶草属

别名：紫斑翼萼

生活环境

生长于山边，溪旁或疏林中。广州多地有栽培。

形态特征

直立粗壮草本，全体被柔毛，高 25 ~ 40 厘米。叶片宽卵形至卵状三角形，长 3 ~ 5 厘米，宽 2.5 ~ 4 厘米，上面疏被白色柔毛，下面以脉上较多，边缘具三角状急尖的粗锯齿，先端略尖，基部突然收狭成宽楔形。总状花序顶生；苞片长卵形，长 0.5 ~ 1 厘米，略微包裹花梗，先端渐尖，边缘具缘毛；萼倒卵状纺锤形，长约 1.2 厘米，宽 5 ~ 7 毫米，具 5 翅，翅宽彼此不等，其中有 2 枚较宽，可达 2 毫米，翅上被缘毛；萼齿 2 枚，近于相等，卵状三角形，先端渐尖，果期开裂成 5 枚长约 7 毫米、宽约 2.6 毫米、先端渐尖之齿；花冠黄色，长 1.5 ~ 1.8 厘米，上唇长约 4 毫米，宽约 5 毫米，浅裂或微凹；下唇三裂片彼此近于相等，长约 3 毫米，宽约 3.5 毫米，先端钝圆，两侧裂片先端蓝色，中裂片先端橙黄色；前方一对花丝各具 1 枚齿状附属物。花果期 7—10 月。

图 3–96　紫斑蝴蝶草

车前

Plantago asiatica

车前科　车前属

别名：车轮草、猪耳草、蛤蟆草

形态特征

二年生或多年生草本。叶基生呈莲座状，平卧、斜展或直立；叶片薄纸质或纸质，宽卵形至宽椭圆形，长 4 ~ 12 厘米，宽 2.5 ~ 6.5 厘米，先端钝圆至急尖，边缘波状、全缘或中部以下有锯齿、牙齿或裂齿，基部宽楔形或近圆形，多少下延，两面疏生短柔毛；脉 5 ~ 7 条；叶柄长 2 ~ 27 厘米，基部扩大成鞘，疏生短柔毛。花序 3 ~ 10 个，直立或弓曲上升；穗状花序细圆柱状，长 3 ~ 40 厘米，紧密或稀疏，下部常间断。花冠白色，无毛，冠筒与萼片约等长，裂片狭三角形，长约 1.5 毫米，先端渐尖或急尖，具明显的中脉，于花后反折。雄蕊着生于冠筒内面近基部，与花柱明显外伸，花药卵状椭圆形，长 1 ~ 1.2 毫米，顶端具宽三角形突起，白色，干后变淡褐色。花期 4—8 月，果期 6—9 月。

生活环境

生长于草地、沟边、河岸湿地、田边、路旁或村边空旷处。

图 3–97　车前

伞房花耳草

Hedyotis corymbosa

茜草科　耳草属

别名：伞花耳草

形态特征

一年生柔弱披散草本，高 10 ~ 40 厘米。茎和枝方柱形。叶对生，近无柄，膜质，线形，长 1 ~ 2 厘米，宽 1 ~ 3 毫米；顶端短尖，基部楔形。花序腋生，伞房花序式排列，有花 2 ~ 4 朵，具纤细如丝、长 5 ~ 10 毫米的总花梗；苞片钻形，长 1 ~ 1.2 毫米；花 4 数，有纤细的花梗；萼管球形，被极稀疏柔毛，基部稍狭，萼檐裂片狭三角形，具缘毛；花冠白色或粉红色，管形，长 2.2 ~ 2.5 毫米，喉部无毛，花冠裂片长圆形，短于冠管；雄蕊生于冠管内，花丝极短，花药内藏；花柱长 1.3 毫米，中部被疏毛，柱头 2 裂，裂片略阔，粗糙。蒴果膜质，球形，有不明显纵棱数条，顶部平，宿存萼檐裂片长 1 ~ 1.2 毫米，成熟时顶部室背开裂；种子每室 10 粒以上，有棱，干后深褐色。花果期几乎全年。

生活环境

生长于水田、河岸或湿润的草地上。广州各地常见。

图 3–98　伞房花耳草

白花蛇舌草

Hedyotis diffusa

茜草科　耳草属

别名：白花十字草、蛇舌草

形态特征

一年生无毛纤细披散草本，高 20～50 厘米。茎稍扁，从基部开始分枝。叶对生，无柄，膜质，线形，长 1～3 厘米，宽 1～3 毫米，顶端短尖，边缘干后常背卷；托叶长 1～2 毫米，基部合生，顶部芒尖。花 4 数，单生或双生于叶腋；花梗略粗壮，长 2～5 毫米，罕无梗或偶有长达 10 毫米的花梗；萼管球形，长 1.5 毫米，萼檐裂片长圆状披针形，顶部渐尖，具缘毛；花冠白色，管形，长 3.5～4 毫米，冠管长 1.5～2 毫米，喉部无毛，花冠裂片卵状长圆形，长约 2 毫米，顶端钝；雄蕊生于冠管喉部，花丝长 0.8～1 毫米，花药突出，长圆形，与花丝等长或略长；花柱长 2～3 毫米，柱头 2 裂，裂片广展，有乳头状凸点。蒴果膜质，扁球形，直径 2～2.5 毫米，宿存萼檐裂片长 1.5～2 毫米，成熟时顶部室背开裂；种子每室约 10 粒，具棱，干后深褐色，有深而粗的窝孔。花期春季。

生活环境

生长于水田、田埂和湿润的旷地。

图 3–99　白花蛇舌草

松叶耳草

Hedyotis pinifolia

茜草科　耳草属

别名：了哥舌

生活环境

生长于丘陵旷地、河岸草地或滨海荒地上。

形态特征

柔弱多分枝披散草本，高 10 ~ 25 厘米。枝纤细，锐四棱柱形。叶丛生，很少对生，无柄，坚硬而挺直，线形，长 12 ~ 25 毫米，宽 1 ~ 2 毫米，顶端短尖，边缘干时背卷，两面粗糙，很少被毛；托叶下部合生成短鞘，顶部分裂成长短不等的数条刺毛。团伞花序有花 3 ~ 10 朵，顶生和腋生，无总花梗；花 4 数，具长 0.8 ~ 1 毫米的花梗；萼管倒圆锥形，长 1 ~ 1.5 毫米，被疏硬毛，萼檐下部管状，长达 2 毫米，裂片钻形，长约 1 毫米，长渐尖，具缘毛；花冠管状，长 8 ~ 8.5 毫米，管长 4 ~ 4.2 毫米，裂片长圆形；雄蕊着生于冠管喉部，花丝长约 2 毫米，花药伸出，长圆形，两端钝，比花丝短 2/3；花柱长 9 毫米，柱头 2 裂，裂片线形，长约 1 毫米，广展，内弯。蒴果近卵形，长 2.5 ~ 3 毫米，直径 1.5 ~ 2 毫米，中部以上被疏硬毛，成熟时仅顶部开裂，宿存萼檐裂片长 1 ~ 1.2 毫米；种子每室数粒，具棱，干后浅褐色。花期 5—8 月。

图 3–100　松叶耳草

丰花草

Borreria stricta

茜草科　丰花草属

别名：波利亚草

形态特征

直立、纤细草本，高 15 ~ 60 厘米。茎单生，很少分枝，四棱柱形，粗糙，节间延长。叶近无柄，革质，线状长圆形，长 2.5 ~ 5 厘米，宽 2.5 ~ 6 毫米，顶端渐尖，基部渐狭，两面粗糙；托叶近无毛，顶部有数条浅红色长于花序的刺毛。花多朵丛生成球状生于托叶鞘内，无梗；小苞片线形，透明，长于花萼；萼管长约 1 毫米，基部无毛，上部被毛，萼檐 4 裂，裂片线状披针形，顶端急尖；花冠近漏斗形，长 2.5 毫米，白色，顶端略红，冠管极狭，柔弱，长约 1 毫米，无毛，顶部 4 裂，裂片线状披针形，长 1.5 毫米，外面无毛，仅顶端有极疏短粗毛，里面被疏粗毛；花丝长 1 ~ 1.5 毫米，花药长圆形，花柱纤细，长 2.5 毫米，柱头扁球形，粗糙。蒴果长圆形或近倒卵形，长 2 毫米，直径 1 ~ 1.5 毫米，基部无毛，近顶部被毛，成熟时从顶部开裂至基部，隔膜脱落；种子狭长圆形，一端具小尖头，一端钝。花果期 9—12 月。

生活环境

生长于低海拔的草地、草坡、河岸。广州各地常见。

图 3–101　丰花草

阔叶丰花草

Borreria latifolia

茜草科　丰花草属

生活环境

生长于荒地、沟渠边、山坡路旁、田地、河岸。原产于南美洲，引进栽培作饲料。现已逸生至野外。生长繁殖快，甚至影响农作物生长。

形态特征

披散、粗壮草本，被毛。茎和枝均为明显的四棱柱形，棱上具狭翅。叶椭圆形或卵状长圆形，长度变化大，长 2 ~ 7.5 厘米，宽 1 ~ 4 厘米，边缘波浪形，鲜时黄绿色，叶面平滑；侧脉每边 5 ~ 6 条，略明显；叶柄长 4 ~ 10 毫米，扁平；托叶膜质，被粗毛，顶部有数条长于鞘的刺毛。花数朵丛生于托叶鞘内，无梗；小苞片略长于花萼；萼管圆筒形，长约 1 毫米，被粗毛，萼檐 4 裂，裂片长 2 毫米；花冠漏斗形，浅紫色，罕有白色，长 3 ~ 6 毫米，里面被疏散柔毛，基部具 1 毛环，顶部 4 裂，裂片外面被毛或无毛；花柱长 5 ~ 7 毫米，柱头 2，裂片线形。蒴果椭圆形，长约 3 毫米，直径约 2 毫米，被毛，成熟时从顶部纵裂至基部，隔膜不脱落或 1 个分果爿的隔膜脱落；种子近椭圆形，两端钝，长约 2 毫米，直径约 1 毫米，干后浅褐色或黑褐色，无光泽，有小颗粒。花果期 5—11 月。

图 3–102　阔叶丰花草

墨苜蓿

Richardia scabra

茜草科　墨苜蓿属

形态特征

一年生匍匐或近直立草本。长 80 余厘米，主根近白色。茎近圆柱形，被硬毛，节上无不定根，疏分枝。叶厚纸质，卵形、椭圆形或披针形，长 1 ~ 5 厘米，顶端通常短尖，钝头，基部渐狭，两面粗糙，边上有缘毛；叶柄长 5 ~ 10 毫米；托叶鞘状，顶部截平，边缘有数条长 2 ~ 5 毫米的刚毛。头状花序有花多朵，顶生，几无总梗，总梗顶端有 1 对或 2 对叶状总苞，分为 2 对时，则里面 1 对较小，总苞片阔卵形；花 6 数或 5 数；萼长 2.5 ~ 3.5 毫米，萼管顶部缢缩，萼裂片披针形或狭披针形，长约为萼管的 2 倍，被缘毛；花冠白色，漏斗状或高脚碟状，管长 2 ~ 8 毫米，里面基部有一环白色长毛，盛开时星状展开，偶有薰衣草的气味；雄蕊 6，伸出或不伸出；子房通常有 3 心皮，柱头头状，3 裂。分果瓣 3 ~ 6，长 2 ~ 3.5 毫米，长圆形至倒卵形，背部密覆小乳突和糙伏毛，腹面有一条狭沟槽，基部微凹。花期春夏季。

生活环境

生长于沙地、草坪、河岸等湿润、阳光充足的地方。

图 3–103　墨苜蓿

盖裂果

Mitracarpus villosus

茜草科　盖裂果属

形态特征

直立分枝草本。被毛，高 40 ~ 80 厘米；茎下部近圆柱形，上部微具棱，被疏粗毛。叶无柄，长圆形或披针形，长 3 ~ 4.5 厘米，宽 0.7 ~ 1.5 厘米，顶端短尖，基部渐狭，上面粗糙或被极疏短毛，下面被毛稍密和略长，边缘粗糙；叶脉纤细而不明显；托叶鞘形，顶端刚毛状，裂片长短不齐。花细小，簇生于叶腋内，有线形与萼近等长的小苞片；萼管近球形，萼檐裂片长的长 1.8 ~ 2 毫米，短的长 0.8 ~ 1.2 毫米，具缘毛；花冠漏斗形，长 2 ~ 2.2 毫米，管内和喉部均无毛，裂片三角形，长为冠管长的 1/3，顶端钝尖；子房 2 室，花柱异形，不明显。果近球形，直径约 1 毫米，表皮粗糙或被疏短毛；种子深褐色，近长圆形。花期 4—8 月。

生活环境

生长于荒地、草坡、河岸等阳光充足、稍干旱的地方。

图 3–104　盖裂果

鸡矢藤

Paederia scandens

茜草科　鸡矢藤属

别名：鸡屎藤、牛皮冻、解暑藤

形态特征

蔓生草本。茎长3～5米，无毛或近无毛。叶对生，纸质或近革质，形状变化很大，卵形、卵状长圆形至披针形，长5～15厘米，宽1～6厘米；叶柄长1.5～7厘米；托叶长3～5毫米，无毛。圆锥花序式的聚伞花序腋生和顶生，扩展，分枝对生，末次分枝上着生的花常呈蝎尾状排列；小苞片披针形，长约2毫米；花白紫色，无柄；萼狭钟状，长约3毫米；花冠钟状，花筒长7～10毫米，上端4～5裂，镊合状排列，内面红紫色，被粉状柔毛。果球形，成熟时近黄色，有光泽，平滑，直径5～7毫米，顶冠以宿存的萼檐裂片和花盘；小坚果无翅，浅黑色。花期5—7月。

生活环境

生长于山坡、林中、林缘、沟谷边灌丛中或缠绕在灌木上。广州各地极常见。

图3–105　鸡矢藤

马瓞儿

Zehneria indica

葫芦科　马瓞属

别名：野梢瓜、老鼠拉冬瓜

生活环境

生长于海拔 500～1 600 米的林中阴湿处以及路旁、田边、灌丛、河边。

形态特征

攀缘或平卧草本。茎、枝纤细，疏散，有棱沟，无毛。叶柄细，长 2.5～3.5 厘米，初时有长柔毛，最后变无毛；叶片膜质，多型，三角状卵形、卵状心形或戟形，不分裂或 3～5 浅裂，长 3～5 厘米，宽 2～4 厘米；雌雄同株。雄花：单生或稀 2～3 朵生于短的总状花序上；花冠淡黄色，有极短的柔毛。雌花：在与雄花同一叶腋内单生或稀双生，花冠阔钟形；子房狭卵形，有疣状突起，长 3.5～4 毫米，直径 1～2 毫米，花柱短，长 1.5 毫米，柱头 3 裂，退化雄蕊腺体状。果梗纤细，无毛，长 2～3 厘米；果实长圆形或狭卵形，两端钝，外面无毛，成熟后橘红色或红色。种子灰白色，卵形，基部稍变狭，边缘不明显，长 3～5 毫米，宽 3～4 毫米。花期 4—7 月，果期 7—10 月。

图 3-106　马瓞儿

半边莲

Lobelia chinensis

桔梗科　半边莲属

别名：细米草、瓜仁草

形态特征

多年生草本。茎细弱，匍匐，节上生根，分枝直立，高 6 ~ 15 厘米，无毛。叶互生，无柄或近无柄，椭圆状披针形至条形，长 8 ~ 25 厘米，宽 2 ~ 6 厘米，先端急尖，基部圆形至阔楔形，全缘或顶部有明显的锯齿，无毛。花通常 1 朵，生分枝的上部叶腋；花梗细，长 1.2 ~ 3.5 厘米，基部有长约 1 毫米的小苞片 2 枚、1 枚或者没有，小苞片无毛；花萼筒倒长锥状，基部渐细而与花梗无明显区分，长 3 ~ 5 毫米，无毛，裂片披针形，约与萼筒等长，全缘或下部有 1 对小齿；花冠粉红色或白色，长 10 ~ 15 毫米，背面裂至基部，喉部以下生白色柔毛，裂片全部平展于下方，呈一个平面，2 侧裂片披针形，较长，中间 3 枚裂片椭圆状披针形，较短；雄蕊长约 8 毫米，花丝中部以上连合，花丝筒无毛，未连合部分的花丝侧面生柔毛，花药管长约 2 毫米，背部无毛或疏生柔毛。蒴果倒锥状，长约 6 毫米。种子椭圆状，稍扁压，近肉色。花果期 3—10 月。

生活环境

生长于水田边、沟边等潮湿草地上。

图 3–107　半边莲

蓝花参

Wahlenbergia marginata

桔梗科　蓝花参属

别名：牛奶草、娃儿菜

生活环境

生长于低海拔的田边、路边和荒地中，有时生长于山坡、干涸河床或沟边。

形态特征

多年生草本，有白色乳汁。根细长，外面白色，细胡萝卜状，直径可达4毫米，长约10厘米。茎自基部多分枝，直立或上升，长10~40厘米，无毛或下部疏生长硬毛。叶互生，无柄或具长至7毫米的短柄，常在茎下部密集，下部的匙形，倒披针形或椭圆形，上部的条状披针形或椭圆形，长1~3厘米，宽2~8毫米，边缘波状或具疏锯齿，或全缘，无毛或疏生长硬毛。花梗极长，细而伸直，长可达15厘米；花萼无毛，筒部倒卵状圆锥形，裂片三角状钻形；花冠钟状，蓝色，长5~8毫米，分裂达2/3，裂片倒卵状长圆形。蒴果倒圆锥状或倒卵状圆锥形，有10条不甚明显的肋，长5~7毫米，直径约3毫米。种子矩圆状，光滑，黄棕色，长0.3~0.5毫米。花果期2—5月。

图 3–108　蓝花参

翼茎阔苞菊

Pluchea sagittalis

菊科　阔苞菊属

形态特征

多年生直立草本，高 1 ~ 1.5 米。全株具浓厚的芳香气味；茎多分枝，被浓密的绒毛，叶基部向茎延伸形成明显的翼。叶互生，披针形或阔披针形，两面披疏腺毛；无柄。头状花序盘状，具异型小花，直径 7 ~ 10 毫米；头状花序在茎枝顶端排列为伞房花序；总苞半球形，苞片棕绿色，4 ~ 5 层；外层雌花多数，花冠白色，长 3 ~ 3.5 毫米，顶端 3 浅裂，冠毛白色，略长于花冠，瘦果棕色，圆柱形，具 5 肋；中央两性花 50 ~ 60 枚，花冠白色，顶端渐紫；花药顶端尖，基部具短尾，花药及花丝外露，瘦果退化为环状。花果期 3—10 月。

生活环境

生长于海边、河边肥沃湿润的沙土或草地上。原产于南美洲。

图 3–109　翼茎阔苞菊

匙叶鼠麴草

Gnaphalium pensylvanicum

菊科　鼠麴草属

生活环境

生长于篱园、耕地、湖边等。生长速度快，耐旱性强。

形态特征

一年生草本。茎直立或斜升，高 30 ~ 45 厘米；基部直径 3 ~ 4 毫米，基部斜倾分枝或不分枝，有沟纹，被白色棉毛，节间长 2 ~ 3 厘米。下部叶无柄，倒披针形或匙形，长 6 ~ 10 厘米，宽 1 ~ 2 厘米，基部长渐狭，下延，顶端钝圆，或有时中脉延伸呈刺尖状，全缘或微波状，上面被疏毛，下面密被灰白色绵毛，侧脉 2 ~ 3 对，细弱，有时不明显；中部叶倒卵状长圆形或匙状长圆形，长 2.5 ~ 3.5 厘米，叶片于中上部向下渐狭而长下延，顶端钝圆或中脉延伸呈刺尖状；上部叶小，与中部叶同形。头状花序多数，长 3 ~ 4 毫米，宽约 3 毫米，数个成束簇生，再排列成顶生或腋生、紧密的穗状花序。雌花多数，花冠丝状，长约 3 毫米，顶端 3 齿裂，花柱分枝较两性花的长。两性花少数，花冠管状，向上渐扩大，檐部 5 浅裂，裂片三角形或有时顶端近浑圆，无毛。瘦果长圆形，有乳头状突起。冠毛绢毛状，污白色，易脱落，基部连合成环。花期 12 月至翌年 5 月。

图 3–110　匙叶鼠麴草

鼠麴草

Gnaphalium affine

菊科　鼠麴草属

别名：佛耳草

形态特征

一年生草本。茎直立或基部发出的枝下部斜升，高 10～40 厘米或更高，上部不分枝，被白色厚绵毛，节间长 8～20 毫米，上部节间罕有达 5 厘米。叶无柄，匙状倒披针形或倒卵状匙形，长 5～7 厘米，宽 11～14 毫米；上部叶长 15～20 毫米，宽 2～5 毫米；基部渐狭，稍下延，顶端圆，具刺尖头，两面被白色绵毛，上面常较薄。头状花序较多或较少数，直径 2～3 毫米，近无柄，在枝顶密集成伞房花序，花黄色至淡黄色；总苞钟形，直径 2～3 毫米；总苞片 2～3 层，金黄色或柠檬黄色，膜质，有光泽，外层倒卵形或匙状倒卵形，背面基部被绵毛，顶端圆，基部渐狭，长约 2 毫米，内层长匙形，背面通常无毛，顶端钝，长 2.5～3 毫米；花托中央稍凹入，无毛。雌花多数，花冠细管状，长约 2 毫米，花冠顶端扩大，3 齿裂，裂片无毛。两性花较少，管状，长约 3 毫米，向上渐扩大，檐部 5 浅裂，裂片三角状渐尖，无毛。瘦果倒卵形或倒卵状圆柱形，有乳头状突起。冠毛粗糙，污白色，易脱落。花期 1—4 月、8—11 月。

生活环境

生长于低湿地、河湖滩地、溪沟岸边等地。

图 3-111　鼠麴草

黄鹌菜

Youngia japonica

菊科　黄鹌菜属

别名：黄花枝香草、黄鹌草

生活环境

生长于山坡、山谷、山沟林缘、林下、林间草地及潮湿地、河边沼泽地、田间与荒地上。广州各地极常见。

形态特征

一年生草本，高 10 ~ 100 厘米。茎直立，单生或少数茎成簇生。基生叶全形倒披针形、椭圆形、长椭圆形或宽线形，大头羽状深裂或全裂，极少有不裂的，叶柄长 1 ~ 7 厘米，有狭或宽翼或无翼，顶裂片卵形、倒卵形或卵状披针形，顶端圆形或急尖，边缘有锯齿或几全缘，侧裂片 3 ~ 7 对，椭圆形，向下渐小，最下方的侧裂片耳状，全部侧裂片边缘有锯齿或细锯齿或边缘有小尖头，极少边缘全缘；叶及叶柄被皱波状长或短柔毛。头花序含 10 ~ 20 枚舌状小花，少数或多数在茎枝顶端排成伞房花序，花序梗细。总苞圆柱状；总苞片 4 层，外层及最外层极短，宽卵形或宽形；全部总苞片外面无毛。舌状小花黄色，花冠管外面有短柔毛。瘦果纺锤形，扁压，褐色或红褐色。冠毛长 2.5 ~ 3.5 毫米，糙毛状。花果期 2—10 月。

图 3-112　黄鹌菜

藿香蓟

Ageratum conyzoides

菊科　藿香蓟属

别名：胜红蓟、白花臭草

形态特征

一年生草本，高 10～100 厘米。茎枝被白色尘状短柔毛或上部被稠密开展的长绒毛。叶对生，有时上部互生，常有腋生的不发育的叶芽。叶基部钝或宽楔形，基出三脉或不明显五出脉；顶端急尖，边缘圆锯齿。头状花序 4～18 个在茎顶排成通常紧密的伞房状花序；花序直径 1.5～3 厘米，少有排成松散伞房花序式的。花梗长 0.5～1.5 厘米，被尘球短柔毛。总苞钟状或半球形，宽 5 毫米。总苞片 2 层，长圆形或披针状长圆形，长 3～4 毫米，外面无毛，边缘撕裂。花冠长 1.5～2.5 毫米，外面无毛或顶端有尘状微柔毛，檐部 5 裂，淡紫色。瘦果黑褐色，5 棱，长 1.2～1.7 毫米，有白色稀疏细柔毛。冠毛膜片 5 或 6 个，长圆形，顶端急狭或渐狭成长或短芒状，或部分膜片顶端截形而无芒状渐尖；全部冠毛膜片长 1.5～3 毫米。花果期全年。

生活环境

生长于山谷、山坡林下、林缘、河边、山坡草地、田边或荒地上。广州各地，尤其湿地常见。

图 3-113　藿香蓟

假臭草

Praxelis clematidea

菊科　假臭草属

别名：猫腥草

形态特征

一年生或多年生草本。茎高 0.7 ~ 1.2 米，披长柔毛。叶对生，长 2.5 ~ 6 厘米，宽 1 ~ 4 厘米；茎基部叶花期凋萎；中部叶卵形、宽卵形或菱形，长 2.5 ~ 4.5 厘米，宽 3 ~ 5 厘米；上部叶较小，叶尖渐尖，边缘有 5 ~ 8 个规则的圆锯齿，基部圆楔形；3 出脉，侧脉 1 ~ 2 对；叶柄长 0.3 ~ 2 厘米；揉搓叶片可闻到类似猫尿的刺激性味道。头状花序少数至多数，在茎及枝端排成伞房花序状的聚伞状花序；总苞长筒形或钟形；总苞片 3 层，覆瓦状排列，外层的短，卵形或卵状披针形，上部及边缘白色，膜质，背面无毛；花冠管状，檐部具 5 裂齿，蓝紫色。瘦果黑褐色，长椭圆状，有 5 棱，长 2 ~ 3 毫米，冠毛白色，多数，长约 4 毫米。花果期 6—11 月。

生活环境

生长于荒地、荒坡、滩涂、湖边、河岸等。广州湿地常见。

图 3–114　假臭草

泥胡菜

Hemistepta lyrata

菊科　泥胡菜属

别名：猪兜菜

形态特征

一年生草本，高 30 ~ 100 厘米。茎单生，很少簇生，通常纤细，被稀疏蛛丝毛，上部长分枝，少有不分枝的。基生叶长椭圆形或倒披针形；中下部茎叶大头羽状深裂或几全裂，侧裂片 2 ~ 6 对，倒卵形、长椭圆形、匙形、倒披针形或披针形。叶质地薄，两面异色：上面绿色，无毛；下面灰白色，被厚或薄绒毛。基生叶及下部茎叶有长叶柄，最上部茎叶无柄。头状花序在茎枝顶端排成疏松伞房花序。总苞宽钟状或半球形，直径 1.5 ~ 3 厘米。总苞片多层，覆瓦状排列，最外层长三角形；外层及中层椭圆形或卵状椭圆形；最内层线状长椭圆形或长椭圆形。苞片质地薄，草质，中外层苞片外面上方近顶端有直立的鸡冠状突起的附片，附片紫红色，内层苞片顶端长渐尖，上方染红色，但无鸡冠状突起的附片。小花紫色或红色。瘦果小，楔状或偏斜楔形。花果期 3—8 月。

生活环境

生长于山坡、山谷、平原、丘陵、林缘、林下、草地、荒地、田间、河边、路旁等。

图 3-115　泥胡菜

野茼蒿

Crassocephalum crepidioides

菊科　野茼蒿属

别名：草命菜

生活环境

生长于山坡路旁、水边、灌丛中。

形态特征

直立草本，高 20 ~ 120 厘米。茎有纵条棱，无毛叶膜质，椭圆形或长圆状椭圆形，长 7 ~ 12 厘米，宽 4 ~ 5 厘米；顶端渐尖，基部楔形，边缘有不规则锯齿或重锯齿，或有时基部羽状裂，两面无毛或近无毛；叶柄长 2 ~ 2.5 厘米。头状花序数个在茎端排成伞房状，直径约 3 厘米，总苞钟状，长 1 ~ 1.2 厘米，基部截形，有数枚不等长的线形小苞片；总苞片 1 层，线状披针形，等长，宽约 1.5 毫米，具狭膜质边缘，顶端有簇状毛，小花全部管状，两性，花冠红褐色或橙红色，檐部 5 齿裂，花柱基部呈小球状，分枝，顶端尖，被乳头状毛。瘦果狭圆柱形，赤红色，有肋，被毛；冠毛极多数，白色，绢毛状，易脱落。花期 3—12 月。

图 3–116　野茼蒿

苏门白酒草

Conyza sumatrensis

菊科　白酒草属

别名：竹叶艾

形态特征

一年生或二年生草本。茎粗壮，直立，高80～150厘米，被较密灰白色上弯糙短毛，杂有开展的疏柔毛。叶密集，基部叶花期凋落，下部叶倒披针形或披针形，长6～10厘米，宽1～3厘米，边缘上部每边常有4～8个粗齿；基部全缘，中部和上部叶渐小，狭披针形或近线形，两面特别下面被密糙短毛。头状花序多数，在茎枝端排列成大而长的圆锥花序；总苞片3层，灰绿色，线状披针形或线形，顶端渐尖，背面被糙短毛，外层稍短或短于内层之半，内层长约4毫米，边缘干膜质；雌花多层，长4～4.5毫米，管部细长，舌片淡黄色或淡紫色，极短细，丝状，顶端具2细裂；两性花6～11个，花冠淡黄色，长约4毫米，檐部狭漏斗形，上端具5齿裂，管部上部被疏微毛；瘦果线状披针形，长1.2～1.5毫米，扁压，被贴微毛。花期4—10月。

生活环境

生长于山坡草地、旷野、路旁、河岸。广州各地常见。

图3–117　苏门白酒草

小蓬草

Conyza canadensis

菊科　白酒草属

别名：加拿大蓬

形态特征

一年生草本。茎直立，高 50 ~ 100 厘米或更高，圆柱状，稍具棱，有条纹，被疏长硬毛，上部多分枝。叶密集，基部叶花期常枯萎，下部叶倒披针形，长 6 ~ 10 厘米，宽 1 ~ 1.5 厘米；顶端尖或渐尖，基部渐狭成柄，边缘具疏锯齿或全缘，中部和上部叶较小，线状披针形或线形，近无柄或无柄，全缘或少有具 1 ~ 2 个齿，两面或仅上面被疏短毛边缘常被上弯的硬缘毛。头状花序多数，小，直径 3 ~ 4 毫米，排列成顶生多分枝的大圆锥花序；雌花多数，舌状，白色，长 2.5 ~ 3.5 毫米，舌片小，稍超出花盘，线形，顶端具2个钝小齿；两性花淡黄色，花冠管状，长 2.5 ~ 3 毫米，上端具 4 个或 5 个齿裂，管部上部被疏微毛；瘦果线状披针形，长 1.2 ~ 1.5 毫米稍扁压，被贴微毛；冠毛污白色，1 层，糙毛状。花期 5—9 月。

生活环境

生长于旷野、荒地、田边和路旁。

图 3–118　小蓬草

钻叶紫菀

Aster subulatus

菊科 紫菀属

形态特征

多年生草本，高 25 ~ 80 厘米。茎基部略带红色，上部有分枝。叶互生，无柄；基部叶倒披针形，花期凋落；中部叶线状披针形，长 6 ~ 10 厘米，宽 0.5 ~ 1 厘米，先端尖或钝，全缘；上部叶渐狭线形。头状花序顶生，排成圆锥花序；总苞钟状；总苞片 3 ~ 4 层，外层较短，内层较长，线状钻形，无毛，背面绿色，先端略带红色；舌状花细狭，淡红色，长与冠毛相等或稍长；管状花多数，短于冠毛。瘦果略有毛。花期 8—11 月。

生活环境

生长于沟边、河岸、海岸、路边及低洼地。喜生长于潮湿含盐的土壤上。

图 3–119 钻叶紫菀

豨莶

Siegesbeckia orientalis

菊科　豨莶属

别名：虾柑草、粘糊菜

生活环境

生长于山野、灌丛、林缘、河岸，也常见于耕地中。

形态特征

一年生草本。茎直立，高 30～100 厘米，分枝斜生，上部的分枝常成复二歧状；全部分枝被灰白色短柔毛。中部叶三角状卵圆形或卵状披针形，长 4～10 厘米，宽 1.8～6.5 厘米，基部阔楔形，下延成具翼的柄，顶端渐尖，边缘有规则的浅裂或粗齿，纸质，两面被毛；上部叶渐小，卵状长圆形，边缘浅波状或全缘，近无柄。头状花序多数聚生于枝端，排列成具叶的圆锥花序；花梗长 1.5～4 厘米，密生短柔毛；总苞阔钟状；总苞片 2 层，叶质，背面被紫褐色头状具柄的腺毛；外层苞片 5～6 枚，线状匙形或匙形，开展，长 8～11 毫米，宽 1.2 毫米；内层苞片卵状长圆形或卵圆形，长约 5 毫米，宽 1.5～2.2 毫米。花黄色；两性管状花上部钟状，上端有 4～5 卵圆形裂片。瘦果倒卵圆形，有 4 棱，顶端有灰褐色环状突起。花期 4—9 月，果期 6—11 月。

图 3-120　豨莶

苣荬菜

Sonchus arvensis

菊科　苦苣菜属

别名：南苦荬菜

形态特征

多年生草本。茎直立，高 30～150 厘米，有细条纹，上部或顶部有伞房状花序分枝。基生叶多数，与中下部茎叶全形倒披针形或长椭圆形，羽状或倒向羽状深裂、半裂或浅裂；叶裂片边缘有小锯齿或无锯齿而有小尖头；上部茎叶及接花序分枝下部的叶披针形或线钻形，小或极小；叶基部渐窄成长或短翼柄，但中部以上茎叶无柄，基部圆耳状扩大半抱茎，顶端急尖、短渐尖或钝，两面光滑无毛。头状花序在茎枝顶端排成伞房状花序。总苞钟状，长 1～1.5 厘米，宽 0.8～1 厘米，基部有稀疏或稍稠密的长、短绒毛。舌状小花多数，黄色。瘦果稍扁压，长椭圆形，长 3.7～4 毫米，宽 0.8～1 毫米，每面有 5 条细肋，肋间有横皱纹。冠毛白色，长 1.5 厘米，柔软，彼此纠缠，基部连合成环。花果期 1—9 月。

生活环境

生长于山坡草地、林间草地、潮湿地、近水旁、村边或河边砾石滩。

图 3–121　苣荬菜

白花鬼针草

Bidens pilosa L.var. radiata

菊科　鬼针草属

形态特征

一年生草本。茎直立，高 30～100 厘米，钝四棱形，无毛或上部被极稀疏的柔毛。茎下部叶较小，3 裂或不分裂；中部叶具长 1.5～5 厘米无翅的柄，三出，小叶 3 枚，很少为具 5～7 小叶的羽状复叶，两侧小叶椭圆形或卵状椭圆形，有时偏斜，不对称，具短柄，边缘有锯齿，顶生小叶较大，长椭圆形或卵状长圆形，具长 1～2 厘米的柄，边缘有锯齿；上部叶小，3 裂或不分裂，条状披针形。头状花序直径 8～9 毫米，有长 1～10 厘米的花序梗。总苞基部被短柔毛，苞片 7～8 枚，条状匙形，上部稍宽，开花时长 3～4 毫米，果时长至 5 毫米，草质，边缘疏被短柔毛或几无毛，外层托片披针形，果时长 5～6 毫米，干膜质，背面褐色，具黄色边缘，内层较狭，条状披针形。舌状花 5～7 枚，舌片椭圆状倒卵形，白色，长 5～8 毫米，宽 3.5～5 毫米，盘花筒状，冠檐 5 齿裂。瘦果黑色，条形，顶端芒刺 3～4 枚。

生活环境

生长于山坡草地、荒地、路边、河岸等。喜阳。生长繁殖快，成为多地优势种。广州各地极常见。

图 3–122　白花鬼针草

鬼针草

Bidens pilosa

菊科　鬼针草属

别名：鬼碱草

形态特征

一年生草本。茎直立，高 30～100 厘米，钝四棱形，无毛或上部被极稀疏的柔毛。茎下部叶较小，3 裂或不分裂，通常在开花前枯萎，中部叶具长 1.5～5 厘米无翅的柄，三出，小叶 3 枚，很少为具 5～7 小叶的羽状复叶，两侧小叶椭圆形或卵状椭圆形，有时偏斜，不对称，具短柄，边缘有锯齿、顶生小叶较大，长椭圆形或卵状长圆形，具长 1～2 厘米的柄，边缘有锯齿，上部叶小，3 裂或不分裂，条状披针形。头状花序直径 8～9 毫米，有长 1～10 厘米的花序梗。总苞基部被短柔毛，苞片 7～8 枚，条状匙形，上部稍宽，开花时长 3～4 毫米，果时长至 5 毫米，草质，边缘疏被短柔毛或几无毛，外层托片披针形，果时长 5～6 毫米，干膜质，背面褐色，具黄色边缘，内层较狭，条状披针形。无舌状花，盘花筒状，冠檐 5 齿裂。瘦果黑色，条形，顶端芒刺 3～4 枚。

生活环境

生长于山坡草地、林间草地、潮湿地、河边砾石滩。

图 3-123　鬼针草

牛膝菊

Galinsoga parviflora

菊科　牛膝菊属

别名：辣子草、珍珠草

生活环境

生长于林下、河谷地、荒野、河边、田间、溪边。原产于南美洲。

形态特征

一年生草本。高 10 ~ 80 厘米，茎纤细。叶对生，卵形或长椭圆状卵形；茎叶两面粗涩，被白色稀疏贴伏的短柔毛，沿脉和叶柄上的毛较密，边缘浅钝锯齿或波状浅锯齿，在花序下部的叶有时全缘或近全缘。头状花序半球形，有长花梗，多数在茎枝顶端排成疏松的伞房花序，花序直径约 3 厘米。总苞半球形或宽钟状，宽 3 ~ 6 毫米；总苞片 1 ~ 2 层，约 5 个，外层短，内层卵形或卵圆形，长 3 毫米，顶端钝圆，白色，膜质。舌状花 4 ~ 5 个，舌片白色，顶端 3 齿裂，筒部细管状，外面被稠密白色短柔毛；管状花花冠长约 1 毫米，黄色，下部被稠密的白色短柔毛。瘦果长 1 ~ 1.5 毫米，三棱或中央的瘦果 4 ~ 5 棱，黑色或黑褐色，常压扁，被白色微毛。舌状花冠毛毛状，脱落；管状花冠毛膜片状，白色，披针形，边缘流苏状，固结于冠毛环上，正体脱落。花果期 4—10 月。

图 3–124　牛膝菊

金腰箭

Synedrella nodiflora

菊科　金腰箭属

别名：苞壳菊、猪毛草

形态特征

一年生草本。茎直立，高 0.5 ~ 1 米。叶阔卵形至卵状披针形，连叶柄长 7 ~ 12 厘米，宽 3.5 ~ 6.5 厘米；基部下延成 2 ~ 5 毫米宽的翅状宽柄，顶端短渐尖或有时钝，两面被贴生、基部为疣状的糙毛，在下面的毛较密。头状花序直径 4 ~ 5 毫米，长约 10 毫米，无或有短花序梗，常 2 ~ 6 簇生于叶腋，或在顶端成扁球状，稀单生；小花黄色；总苞卵形或长圆形；苞片数个，外层总苞片绿色，叶状，卵状长圆形或披针形，长 10 ~ 20 毫米，背面被贴生的糙毛。舌状花连管部长约 10 毫米，舌片椭圆形，顶端 2 浅裂；管状花向上渐扩大，长约 10 毫米，檐部 4 浅裂，裂片卵状或三角状渐尖。花期 6—10 月。

生活环境

生长于旷野、耕地、路旁及宅旁，繁殖力极强。原产于美洲，现广布于世界热带和亚热带地区。广州各地常见。

图 3–125　金腰箭

一点红

Emilia sonchifolia

菊科　一点红属

别名：羊蹄草、红背草

生活环境

生长于山坡荒地、田埂、路旁、河岸。广州各地常见。

形态特征

一年生草本。根垂直，茎直立或斜升，高25～40厘米，稍弯，通常自基部分枝，灰绿色，无毛或被疏短毛。叶质较厚，下部叶密集，大头羽状分裂，两面被短卷毛；中部茎叶疏生，较小，卵状披针形或长圆状披针形，无柄，基部箭状抱茎，顶端急尖，全缘或有不规则细齿；上部叶少数，线形。头状花序长8毫米，后伸长达14毫米，在开花前下垂，花后直立，通常2～5个，在枝端排列成疏伞房状；花序梗细，长2.5～5厘米，无苞片，总苞圆柱形，长8～14毫米，宽5～8毫米，基部无小苞片；总苞片1层，8～9片，长圆状线形或线形，黄绿色，约与小花等长，顶端渐尖，边缘窄膜质，背面无毛。小花粉红色或紫色，长约9毫米，管部细长，檐部渐扩大，具5深裂瘦果圆柱形，长3～4毫米，具5棱，肋间被微毛；冠毛丰富，白色，细软。花果期3—10月。

图3-126　一点红

鱼眼草

Dichrocephala auriculata

菊科　鱼眼草属

别名：鱼眼菊、地苋菜、馒头草

形态特征

一年生草本。直立或铺散，高 12 ~ 50 厘米。茎枝被白色长或短绒毛，上部及接花序处的毛较密，或果期脱毛，或近无毛。叶卵形，椭圆形或披针形；中部茎叶大头羽裂，顶裂片宽大，侧裂片 1 ~ 2 对，通常对生。自中部向上或向下的叶渐小同形；基部叶通常不裂，常卵形。全部叶边缘重粗锯齿或缺刻状。中下部叶的叶腋通常有不发育的叶簇或小枝；叶簇或小枝被较密的绒毛。头状花序小，球形，直径 3 ~ 5 毫米，生枝端，多数头状花序在枝端或茎顶排列成疏松或紧密的伞房状花序、伞房状圆锥花序；花序梗纤细。总苞片 1 ~ 2 层，膜质，长圆形或长圆状披针形，不等长，顶端急尖，微锯齿状撕裂。外围雌花多层，紫色，花冠极细，线形；中央两性花黄绿色，少数，管部短，狭细，檐部长钟状，顶端 4 ~ 5 齿。瘦果压扁，倒披针形，边缘脉状加厚。花果期全年。

生活环境

生长于山坡、山谷、林下、平川耕地、荒地或水沟边。

图 3–127　鱼眼草

鳢肠

Eclipta prostrata

菊科　鳢肠属

别名：旱莲草、墨莱

形态特征

一年生草本。茎直立，斜升或平卧，高达 60 厘米，通常自基部分枝，被贴生糙毛。叶长圆状披针形或披针形，无柄或有极短的柄，顶端尖或渐尖，边缘有细锯齿或有时仅波状，两面被密硬糙毛。头状花序直径 6～8 毫米，有长 2～4 厘米的细花序梗；总苞球状钟形，总苞片绿色，草质，5～6 个排成 2 层，长圆形或长圆状披针形，外层较内层稍短，背面及边缘被白色短伏毛；外围的雌花 2 层，舌状，长 2～3 毫米，舌片短，顶端 2 浅裂或全缘，中央的两性花多数，花冠管状，白色，长约 1.5 毫米，顶端 4 齿裂；花柱分枝钝，有乳头状突起；花托凸，有披针形或线形的托片。托片中部以上有微毛；瘦果暗褐色，长 2.8 毫米，雌花的瘦果三棱形，两性花的瘦果扁四棱形，顶端截形，具 1～3 个细齿，基部稍缩小，边缘具白色的肋，表面有小瘤状突起，无毛。花期 2—9 月。

生活环境

生长于河边、田边或路旁。潮湿环境较多见。广州各湿地常见。

图 3–128　鳢肠

裸柱菊

Soliva anthemifolia

菊科　裸柱菊属

别名：座地菊、假吐金菊

形态特征

一年生矮小草本。茎极短，平卧。叶互生，有柄，长 5 ~ 10 厘米，二至三回羽状分裂，裂片线形，全缘或 3 裂，被长柔毛或近于无毛。头状花序近球形，无梗，生于茎基部，直径 6 ~ 12 毫米；总苞片 2 层，矩圆形或披针形，边缘干膜质；边缘的雌花多数，无花冠；中央的两性花少数，花冠管状，黄色，长约 1.2 毫米，顶端 3 裂齿，基部渐狭，常不结实。瘦果倒披针形，扁平，有厚翅，长约 2 毫米，顶端圆形，有长柔毛，花柱宿存，下部翅上有横皱纹。花果期全年。

生活环境

生长于荒地、田野、路旁。

图 3–129　裸柱菊

败酱叶菊芹

Erechtites valeianifolia

菊科　菊芹属

别名：飞机草

形态特征

一年生草本。茎直立，高 50 ~ 100 厘米，不分枝或上部多分枝，具纵条纹，近无毛。叶具长柄，长圆形至椭圆形；顶端尖或渐尖，基部斜楔形，边缘有不规则的重锯齿或羽状深裂；裂片 6 ~ 8 对，披针形，顶端渐尖，具锯齿至不规则裂片，或稀浅裂，叶脉羽状，两面无毛；叶柄具狭下延的翅；上部叶与中部叶相似，但渐小，头状花序多数，直立或下垂，在茎端和上部叶腋排列成较密集的伞房状圆锥花序，长约 10 毫米，宽 3 毫米，具线形的小苞片。总苞圆柱状钟形；总苞片 1 层，线形，顶端急尖或渐尖，具 4 ~ 5 脉，无毛或被疏微毛。小花多数，淡黄紫色；外围小花 1 ~ 2 层，花冠丝状，顶端 5 齿裂；中央小花细管状，长 7 ~ 8 毫米，稍长于和宽于外围的雌花，内层的小花细漏斗状，顶端 5 齿裂，顶端腺状加厚；花柱分枝顶端有锥状附片。瘦果圆柱形，长 2.5 ~ 3.5 毫米，具 10 ~ 12 条淡褐色的细肋。花果期春夏季。

生活环境

生长于田边、路旁。潮湿环境多见。

图 3–130　败酱叶菊芹

南美蟛蜞菊

Sphagneticola trilobata

菊科　蟛蜞菊属

形态特征

多年生草本。茎匍匐横卧地面蔓延，长可达2米，具短毛。叶对生，椭圆至倒卵形，基部楔形，先端三裂锐钝形，下部略呈3裂，上部浅锯齿缘，质厚，具短刚毛，叶面富光泽，双面粗糙，掌状叶脉3出明显下陷。头状花黄色，单生于茎顶。苞片卵形，被粗刚毛，外围为舌状花瓣7～9片，冠短宽，数少，雌性，中心为管状花，两性，筒状，五齿裂，花柱尖头。花谢后花冠形似小莲蓬头，瘦果3～4菱形，先端具刚毛。花果期几乎全年。

生活环境

生长于河边、湖边。原产于南美洲，喜阳耐旱，生命力强。广州各地均有栽培，已逸生至野外。

图3–131　南美蟛蜞菊

石胡荽

Centipeda minima

菊科　石胡荽属

别名：球子草

形态特征

一年生小草本。茎多分枝，高 5 ~ 20 厘米，匍匐状，微被蛛丝状毛或无毛。叶互生，楔状倒披针形，长 7 ~ 18 毫米；顶端钝，基部楔形，边缘有少数锯齿，无毛或背面微被蛛丝状毛。头状花序小，扁球形，直径约 3 毫米，单生于叶腋，无花序梗或极短；总苞半球形；总苞片 2 层，椭圆状披针形，绿色，边缘透明膜质，外层较大；边缘花雌性，多层，花冠细管状，长约 0.2 毫米，淡绿黄色，顶端 2 ~ 3 微裂；盘花两性，花冠管状，长约 0.5 毫米，顶端 4 深裂，淡紫红色，下部有明显的狭管。瘦果椭圆形，长约 1 毫米，具 4 棱，棱上有长毛，无冠状冠毛。花果期 6—10 月。

生活环境

生长于池塘边、路旁和荒野湿地。

图 3-132　石胡荽

多裂翅果菊

Pterocypsela laciniata

菊科　翅果菊属

别名：野莴苣

形态特征

多年生草本，根粗厚，分枝成萝卜状。茎单生，直立，粗壮，高 0.6～2 米，上部圆锥状花序分枝，全部茎枝无毛。中下部茎叶全形倒披针形、椭圆形或长椭圆形，规则或不规则二回羽状深裂，长达 30 厘米，宽达 17 厘米，无柄，基部宽大，顶裂片狭线形，一回侧裂片 5 对或更多，中上部的侧裂片较大，向下的侧裂片渐小，二回侧裂片线形或三角形，长短不等；向上的茎叶渐小，与中下部茎叶同形并等样分裂或不裂而为线形。头状花序多数，在茎枝顶端排成圆锥花序。总苞片 4～5 层，外层卵形、宽卵形或卵状椭圆形，长 4～9 毫米，宽 2～3 毫米，中内层长披针形，长 1.4 厘米，宽 3 毫米，全部总苞片顶端急尖或钝，边缘或上部边缘染红紫色。舌状小花 21 枚，黄色。瘦果椭圆形，扁压，棕黑色，长 5 毫米，宽 2 毫米，边缘有宽翅，每面有 1 条高起的细脉纹，顶端急尖成长 0.5 毫米的粗喙。花果期 7—11 月。

生活环境

生长于山谷、山坡林缘、灌丛、草地及荒地。

图 3-133　多裂翅果菊

五月艾

Artemisia indica

菊科　蒿属

别名：野艾蒿

形态特征

半灌木状草本，植株具浓烈的香气。茎单生或少数，高 80 ~ 150 厘米，褐色或上部微带红色，纵棱明显，分枝多；基生叶与茎下部叶卵形或长卵形，一至二回羽状分裂或近于大头羽状深裂；中部叶卵形、长卵形或椭圆形；上部叶羽状全裂。头状花序卵形、长卵形或宽卵形，多数，花后斜展或下垂，在分枝上排成穗状花序式的总状花序或复总状花序，而在茎上再组成开展或中等开展的圆锥花序；花序托小，凸起；雌花 4 ~ 8 朵，花冠狭管状，檐部紫红色，具 2 ~ 3 裂齿，外面具小腺点，花柱伸出花冠外，先端 2 叉，叉端尖；两性花 8 ~ 12 朵，花冠管状，外面具小腺点，檐部紫色；花药线形，先端附属物尖，长三角形，基部钝圆，花柱略比花冠长，先端 2 叉，花后反卷，叉端扁，扇形，并有睫毛。瘦果长圆形或倒卵形。花果期 8—10 月。

生活环境

生长于湿润地区的路旁、林缘、灌丛、坡地、河岸处。

图 3-134　五月艾

碑子苗

Mariscus umbellatus

莎草科　碑子苗属

别名：滇西莎草

形态特征

多年生草本。根状茎短。秆疏丛生，高 10 ~ 50 厘米，锐三棱形，平滑，基部膨大，具稍多叶。叶短于秆或几与秆等长，宽 3 ~ 6 毫米，下部常折合，向上渐成平张，边缘不粗糙；叶鞘褐色或红棕色。叶状苞片 5 ~ 8 枚，通常长于花序，斜展；长侧枝聚伞花序简单，具 6 ~ 12 条或更多条辐射枝，辐射枝长短不等，有时短缩，最长达 8 厘米；穗状花序圆筒形或长圆形，长 10 ~ 25 毫米，宽 6 ~ 10 毫米，具多数密生的小穗；小穗平展或稍俯垂，线状披针形，长 3 ~ 5 毫米，宽约 0.7 毫米，具 1 ~ 2 个小坚果；小穗轴具宽翅，翅披针形，白色透明；鳞片膜质，长圆形，顶端钝，无短尖，长约 3 毫米，边缘常内卷，淡黄色或绿白色，背面具多数脉，中间 3 条脉明显，绿色；雄蕊 3，花药线形，药隔稍突出；花柱短，柱头 3 个，细长。小坚果狭长圆形，三棱形，长约为鳞片的 2/3，初期麦秆黄色，表面具微突起细点。花果期 4—10 月。

生活环境

生长于山坡阳处、路旁草地、溪边及松林下。

图 3–135　碑子苗

断节莎
Torulinium ferax

莎草科　断节莎属

生活环境

多见于河边、季节性干涸河床、溪边等潮湿处。

形态特征

秆粗壮，高 30 ~ 120 厘米，三棱形，或多或少具纵槽，平滑，下部具叶，基部膨大呈块茎。叶短于秆，叶鞘长，棕紫色。苞片 6 ~ 8 枚，展开，下面的苞片长于花序；长侧枝聚伞花序大，疏展，复出或多次复出，具 7 ~ 12 条第一次辐射枝，辐射枝最长达 12 厘米，稍硬，扁三棱形，每个辐射枝具多条第二次辐射枝，第二次辐射枝短，长 0 ~ 2 厘米，稍展开；穗状花序长圆状圆筒形，具多数小穗；小穗稍稀疏排列，平展，或向下反折，线形，顶端急尖，长 8 ~ 16 毫米，宽约 1 毫米，圆柱状，曲折，具 6 ~ 16 朵花；小穗轴具或多或少关节，坚硬，具宽翅，翅椭圆形，初时透明，后期增厚，变成黄色，边缘内卷，有时包住小穗轴；鳞片稍松排列，基部的鳞片紧密地贴生，顶端钝，很少具短尖，坚硬，凹形，很少具龙骨状突起，背面中间为绿色，其两侧为黄棕色或麦秆黄色，具光泽；雄蕊 3，花药线形；花柱中等长，柱头 3。小坚果长圆形或倒卵状长圆形，三棱形。

图 3-136　断节莎

碎米莎草

Cyperus iria

莎草科 莎草属

形态特征

一年生草本，无根状茎，具须根。秆丛生，细弱或稍粗壮，高 8 ~ 85 厘米，扁三棱形，基部具少数叶，叶短于秆，宽 2 ~ 5 毫米，平张或折合，叶鞘红棕色或棕紫色。叶状苞片 3 ~ 5 枚，下面的 2 ~ 3 枚常较花序长；长侧枝聚伞花序复出，很少为简单的，具 4 ~ 9 条辐射枝，辐射枝最长达 12 厘米，每条辐射枝具 5 ~ 10 个穗状花序，有时更多些；穗状花序卵形或长圆状卵形，长 1 ~ 4 厘米，具 5 ~ 22 个小穗；小穗排列松散，斜展开，长圆形、披针形或线状披针形，扁压，长 4 ~ 10 毫米，宽约 2 毫米，具 6 ~ 22 花；小穗轴上近于无翅；鳞片排列疏松，膜质，宽倒卵形，顶端微缺，具极短的短尖，不突出于鳞片的顶端，背面具龙骨状突起，绿色，有 3 ~ 5 条脉，两侧呈黄色或麦秆黄色，上端具白色透明的边；雄蕊 3，花丝着生在环形的胼胝体上，花药短，椭圆形，药隔不突出于花药顶端；花柱短，柱头 3。小坚果倒卵形或椭圆形，三棱形，与鳞片等长，褐色，具密的微突起细点。花果期 6—10 月。

生活环境

生长于田间、山坡、路旁阴湿处。

图 3-137 碎米莎草

香附子

Cyperus rotundus

莎草科　莎草属

别名：香头草

形态特征

匍匐根状茎长，具椭圆形块茎。秆稍细弱，高15～95厘米，锐三棱形，平滑，基部呈块茎状。叶较多，短于秆，宽2～5毫米，平张；鞘棕色，常裂成纤维状。叶状苞片2～5枚；长侧枝聚伞花序简单或复出，具2～10条辐射枝；辐射枝最长达12厘米；穗状花序轮廓为陀螺形，稍疏松，具3～10个小穗；小穗斜展开，线形，长1～3厘米，宽约1.5毫米，具8～28朵花；小穗轴具较宽的、白色透明的翅；鳞片稍密地复瓦状排列，膜质，卵形或长圆状卵形，长约3毫米，顶端急尖或钝，无短尖，中间绿色，两侧紫红色或红棕色，具5～7条脉；雄蕊3，花药长，线形，暗血红色，药隔突出于花药顶端；花柱长，柱头3，细长，伸出鳞片外。小坚果长圆状倒卵形，三棱形，长为鳞片的1/3～2/5，具有细点。花果期5—11月。

生活环境

生长于山坡荒地的草丛中或水边潮湿处。

图 3–138　香附子

苏里南莎草

Cyperus surinamensis

莎草科　莎草属

别名：刺秆莎草

形态特征

一年或多年生草本。秆丛生，高 35 ~ 80 厘米，三棱形，微糙，具倒刺。叶短于秆，平或 V 形，叶宽 5 ~ 8 毫米。总苞片 3 ~ 8 片，水平至斜升 30°，叶面平展或呈 V 形。球形头状花序，一级辐射枝 4 ~ 12 条，微糙，具倒刺，常具次级辐射枝，小穗状花序 15 ~ 40 个，线形或线状长圆形，紧缩，有时形成心形排列。颖片 10 ~ 50，披针形。小坚果具柄，长椭圆状。花果期 5—9 月。

生活环境

生长于河岸、湖边、溪边等潮湿处。

图 3-139　苏里南莎草

毛轴莎草

Cyperus pilosus

莎草科　莎草属

别名：三合草

形态特征

匍匐根状茎细长。秆散生，粗壮，高 25 ~ 80 厘米，锐三棱形，平滑。叶短于秆，平张，边缘粗糙；叶鞘短，淡褐色。苞片通常 3 枚，长于花序，边缘粗糙；复出长侧枝聚伞花序具 3 ~ 10 条第一次辐射枝，每条第一次辐射枝具 3 ~ 7 条第二次辐射枝，聚成宽金字塔形的轮廓；穗状花序卵形或长圆形，近于无总花梗，具较多小穗；穗状花序轴上被较密的黄色粗硬毛；小穗二列，排列疏松，平展，线状披针形或线形。稍肿胀，长 5 ~ 14 毫米，宽 1.5 ~ 2.5 毫米，具 8 ~ 24 朵花；小穗轴上具很狭窄的白色透明的边；鳞片排列稍松，宽卵形，长 2 毫米，背面具不明显的龙骨状突起，绿色，顶端具很短的短尖或无短尖，脉 5 ~ 7 条，两侧褐色或红褐色，边缘具白色透明的边；雄蕊 3，花药短，线状长圆形，红色，药隔突出于花药顶端；花柱短，白色，具棕色斑点，柱头 3。小坚果成熟时黑色。花果期 7—11 月。

生活环境

生长于水田边、河边潮湿处。

图 3–140　毛轴莎草

风车草

Cyperus alternifolius

莎草科　莎草属

别名：轮伞莎草

形态特征

根状茎短，粗大，须根坚硬。秆稍粗壮，高30～150厘米，近圆柱状，上部稍粗糙，基部包裹以无叶的鞘，鞘棕色。苞片20枚，长几相等，较花序长约2倍，宽2～11毫米，向四周展开，平展；多次复出长侧枝聚伞花序具多数第一次辐射枝，每条第一次辐射枝具4～10条第二次辐射枝；小穗密集于第二次辐射枝上端，椭圆形或长圆状披针形，扁压，具6～26朵花；小穗轴不具翅；鳞片呈紧密的复瓦状排列，膜质，卵形，顶端渐尖；雄蕊3，花药线形，顶端具刚毛状附属物；花柱短，柱头3。小坚果椭圆形，近于三棱形，褐色。

生活环境

生长于森林、草原地区的大湖、河流边缘的沼泽中。原产于非洲，广州湿地多有栽培，已逸生至野外。

图3–141　风车草

水虱草

Fimbristylis miliacea

莎草科　飘拂草属

生活环境

生长于溪边、沼泽地、水田及潮湿的山坡、路旁和草地。

形态特征

纤细草本。秆丛生，高 10～60 厘米，扁四棱形，具纵槽。叶长于或短于秆，或与秆等长，侧扁，套褶，剑状，边上有稀疏细齿，向顶端渐狭成刚毛状，宽 1.5～2 毫米；鞘侧扁，背面呈锐龙骨状，前面具膜质、锈色的边，鞘口斜裂，无叶舌。苞片 2～4 枚，刚毛状，基部宽，具锈色、膜质的边，较花序短；长侧枝聚伞花序复出或多次复出，很少简单，有许多小穗；辐射枝 3～6 条，细而粗糙，长 0.8～5 厘米；小穗单生于辐射枝顶端，球形或近球形，顶端极钝，长 1.5～5 毫米，宽 1.5～2 毫米；鳞片膜质，卵形，顶端极钝，长 1 毫米，栗色，具白色狭边，背面具龙骨状突起，具有 3 条脉，沿侧脉处深褐色，中脉绿色；雄蕊 2，花药长圆形，顶端钝，长 0.75 毫米，为花丝长的 1/2；花柱三棱形，基部稍膨大，无缘毛，柱头 3，为花柱长的 1/2。小坚果倒卵形或宽倒卵形，钝三棱形，长 1 毫米，麦秆黄色，具疣状突起和横长圆形网纹。

图 3-142　水虱草

单穗水蜈蚣

Kyllinga monocephala

莎草科　水蜈蚣属

别名：蜈蚣草

形态特征

多年生草本，具匍匐根状茎。秆散生或疏丛生，细弱，扁锐三棱形，基部不膨大。叶通常短于秆，宽 2.5 ~ 4.5 毫米，平张，柔弱，边缘具疏锯齿；叶鞘短，褐色，或具紫褐色斑点，最下面的叶鞘无叶片。苞片 3 ~ 4，叶状，斜展，较花序长很多；穗状花序 1 个，圆卵形或球形，长 5 ~ 9 毫米，宽 5 ~ 7 毫米，具极多数小穗；小穗近于倒卵形或披针状长圆形，顶端渐尖，扁压，长 2.5 ~ 3 毫米，具 1 朵花；鳞片膜质，舟状，长同于小穗，苍白色或麦秆黄色，具锈色斑点，两侧各具 3 ~ 4 条脉，背面龙骨状突起具翅，翅的下部狭窄，从中部至顶端较宽，且延伸出鳞片顶端呈稍外弯的短尖，翅边缘具缘毛状细刺；雄蕊 3；花柱长，柱头 2。小坚果长圆形或倒卵状长圆形，较扁，长约为鳞片的 1/2，棕色，具密的细点，顶端具很短的短尖。花果期 5—8 月。

生活环境

生长于坡林下、沟边、田边近水处、旷野潮湿处。广州各湿地极常见。

图 3-143　单穗水蜈蚣

三头水蜈蚣

Kyllinga triceps

莎草科　水蜈蚣属

形态特征

多年生草本，根状茎短。秆丛生，细弱，高 8 ~ 25 厘米，扁三棱形，平滑，基部呈鳞茎状膨大，外面被覆以棕色、疏散的叶鞘。叶短于秆，宽 2 ~ 3 毫米，柔弱，折合或平张，边缘具疏刺。叶状苞片 2 ~ 3，长于花序，极展开，后期常向下反折；穗状花序 3 个排列紧密成团聚状，居中者宽圆卵形，较大，长 5 ~ 6 毫米，侧生者球形，直径 3 ~ 4 毫米，均具极多数小穗。小穗排列极密，辐射展开，长圆形，长 2 ~ 2.5 毫米，具 1 朵花；鳞片膜质，卵形或卵状椭圆形，凹形，顶端具直的短尖，长 2 ~ 2.5 毫米，淡绿黄色，具红褐色树脂状斑点，背面具龙骨状突起，脉 7 条；雄蕊 1 ~ 3 个；花柱短，柱头 2，长于花柱。小坚果长圆形，扁平凸状，长为鳞片的 2/3 ~ 3/4，淡棕黄色，具微突起细点。

生活环境

生长于坡林下、沟边、田边近水处、旷野潮湿处。

图 3–144　三头水蜈蚣

中间型竹叶草

Oplismenus compositus var. *intermedius*

禾本科　求米草属

形态特征

多年生草本。秆较纤细，基部平卧地面，节着地生根，上升部分高 20 ~ 80 厘米。叶鞘密被疣基硬毛，边缘被纤毛；叶片披针形至卵状披针形，长 5 ~ 10 厘米，宽 5 ~ 15 毫米，基部斜心形。花序轴及穗轴密被长柔毛和长硬毛；小穗孪生，稀上部者单生，长 3 ~ 3.5 毫米；两颖均具 5 脉，第一颖具芒长 5 ~ 10 毫米，第一外稃顶端具小尖头，具 7 ~ 9 脉。花果期 4—10 月。

生活环境

生长于山地、丘陵、疏林下阴湿地。

图 3-145　中间型竹叶草

铺地黍

Panicum repens

禾本科　黍属

别名：枯骨草

形态特征

多年生草本。根茎粗壮发达，秆直立、坚挺，高 50 ~ 100 厘米。叶鞘光滑，边缘被纤毛；叶舌长约 0.5 毫米，顶端被睫毛；叶片质硬，线形，长 5 ~ 25 厘米，宽 2.5 ~ 5 毫米，干时常内卷，呈锥形，顶端渐尖，上表皮粗糙或被毛，下表皮光滑；叶舌极短，膜质，顶端具长纤毛。圆锥花序开展，长 5 ~ 20 厘米，分枝斜上，粗糙，具棱槽；小穗长圆形，长约 3 毫米，无毛，顶端尖；第一颖薄膜质，长约为小穗的 1/4，基部包卷小穗，顶端截平或钝圆，脉常不明显；第二颖与小穗近等长，顶端喙尖，具 7 脉，第一小花雄性，其外稃与第二颖等长；雄蕊 3，其花丝极短，花药长约 1.6 毫米，暗褐色；第二小花结实，长圆形，长约 2 毫米，平滑、光亮，顶端尖；鳞被长约 0.3 毫米，宽约 0.24 毫米，脉不清晰。花果期 6—11 月。

生活环境

生长于海边、溪边和潮湿之处。

图 3–146　铺地黍

升马唐

Digitaria ciliaris

禾本科　马唐属

形态特征

一年生草本。秆基部横卧地面，节处生根和分枝，高 30 ~ 90 厘米。叶鞘常短于其节间，稍具柔毛；叶舌长约 2 毫米；叶片线形或披针形，长 5 ~ 20 厘米，宽 3 ~ 10 毫米，上面散生柔毛，边缘稍厚，微粗糙。总状花序 5 ~ 8 枚，长 5 ~ 12 厘米，呈指状排列于茎顶；穗轴宽约 1 毫米，边缘粗糙；小穗披针形，长 3 ~ 3.5 毫米，孪生长于穗轴之一侧；小穗柄微粗糙，顶端截平；第一颖小，三角形；第二颖披针形，长约为小穗的 2/3，具 3 脉，脉间及边缘生柔毛；第一外稃等长于小穗，具 7 脉，脉平滑，中脉两侧的脉间较宽而无毛，其他脉间贴生柔毛，边缘具长柔毛；第二外稃椭圆状披针形，革质，黄绿色或带铅色，顶端渐尖；等长于小穗。花药长 0.5 ~ 1 毫米。花果期 5—10 月。

生活环境

生长于路旁、荒野、荒坡。

图 3–147　升马唐

象草

Pennisetum purpureum

禾本科　狼尾草属

形态特征

多年丛生大型草本。秆直立，高 2 ~ 4 米，在花序基部密生柔毛。叶片线形，扁平，质较硬，长 20 ~ 50 厘米，宽 1 ~ 2 厘米或者更宽，上面疏生刺毛，近基部有小疣毛，下面无毛，边缘粗糙。圆锥花序长 10 ~ 30 厘米，宽 1 ~ 3 厘米；主轴密生长柔毛，直立或稍弯曲；刚毛金黄色、淡褐色或紫色，长 1 ~ 2 厘米，生长柔毛而呈羽毛状；小穗通常单生或 2 ~ 3 簇生，披针形，长 5 ~ 8 毫米，近无柄；第一颖长约 0.5 毫米或退化；第二颖披针形，长约为小穗的 1/3；第一小花中性或雄性，第一外稃长约为小穗的 4/5，具 5 ~ 7 脉；第二外稃与小穗等长，具 5 脉；鳞被 2，微小；雄蕊 3，花药顶端具毫毛；花柱基部联合。花果期 3—10 月。

生活环境

生长于路旁、河边。原产于非洲，我国引入栽培，现已逸生至野外。

图 3–148　象草

狗尾草

Setaria viridis

禾本科　狗尾草属

形态特征

一年生草本。秆直立或基部膝曲，高 10 ~ 100 厘米。叶鞘松弛，无毛或疏具柔毛或疣毛，边缘具较长的密绵毛状纤毛；叶舌极短，缘有长 1 ~ 2 毫米的纤毛；叶片扁平，长三角状狭披针形或线状披针形，先端长渐尖或渐尖，边缘粗糙。圆锥花序紧密呈圆柱状或基部稍疏离，直立或稍弯垂，主轴被较长柔毛，通常由绿色或褐黄到紫红或紫色；小穗 2 ~ 5 个簇生于主轴上或更多的小穗着生在短小枝上，椭圆形，先端钝，铅绿色；第一颖卵形、宽卵形，长约为小穗的 1/3，具 3 脉；第二颖几与小穗等长，椭圆形；花柱基分离；叶上下表皮脉间均为微波纹或无波纹的、壁较薄的长细胞。颖果灰白色。花果期 5—10 月。

生活环境

生长于路旁、河边、荒野。广州各地常见。

图 3–149　狗尾草

褐毛狗尾草

Setaria pallidifusca

禾本科　狗尾草属

生活环境

生长于山坡、石灰岩缝、田埂边、荒草丛或水沟边的向阳坡地。

形态特征

一年生草本。秆高 20～80 厘米，少数可更高，基部节微膝曲，叶鞘压扁微呈脊，背面及边缘均无毛，叶片线状披针形，边缘微卷，先端较短渐尖；叶舌极短，边缘具一圈短纤毛。花序为紧缩的圆柱状圆锥花序，长 2～7 厘米，少数可达 15 厘米，宽 7～12 厘米，花序轴被微毛而粗糙，刚毛数多，托于小穗周围，黄色、褐色或紫色，等长或长为小穗的一倍多；小穗浅绿色或带紫色、黄褐色，椭圆形，长 2～3 毫米，宽 1～2 毫米，第一颖薄纸质，三角状卵形或宽卵形，长为小穗的 1/2，具 3 脉，第二颖薄纸质，长约为小穗的 1/2，具 5 脉，第一小花中性，极少数具雄蕊，外稃先端聚尖，具 5 脉，几与第二小花等长，其内稃膜质，与第二小花等宽同长，边缘内折具 2 脊，第二小花两性，外稃软骨质，具较细皱纹，先端聚尖呈小尖头，边缘内卷，略包于同质内稃。颖果浅黄色。

图 3–150　褐毛狗尾草

光头稗

Echinochloa colonum

禾本科　稗属

别名：芒稷、扒草、穇草

形态特征

一年生草本。秆直立，高 10 ~ 60 厘米。叶鞘压扁而背具脊，无毛；叶舌缺；叶片扁平，线形，长 3 ~ 20 厘米，宽 3 ~ 7 毫米，无毛，边缘稍粗糙。圆锥花序狭窄，长 5 ~ 10 厘米；主轴具棱，通常无疣基长毛，棱边上粗糙。花序分枝长 1 ~ 2 厘米，排列稀疏，直立上升或贴向主轴，穗轴无疣基长毛或仅基部被 1 ~ 2 根疣基长毛；小穗卵圆形，长 2 ~ 2.5 毫米，具小硬毛，无芒，较规则地成四行排列于穗轴的一侧；第一颖三角形，长约为小穗的 1/2，具 3 脉；第二颖与第一外稃等长而同形，顶端具小尖头，具 5 ~ 7 脉，间脉常不达基部；第一小花常中性，其外稃具 7 脉，内稃膜质，稍短于外稃，脊上被短纤毛；第二外稃椭圆形，平滑，光亮，边缘内卷，包着同质的内稃；鳞被 2，膜质。花果期夏秋季。

生活环境

生长于田野、园圃、路边湿润地上。

图 3-151　光头稗

圆果雀稗

Paspalum orbiculare

禾本科　雀稗属

形态特征

多年生草本。秆直立，丛生，高 30 ~ 90 厘米。叶鞘长于其节间，无毛，鞘口有少数长柔毛，基部者生有白色柔毛；叶舌长约 1.5 毫米；叶片长披针形至线形，长 10 ~ 20 厘米，宽 5 ~ 10 毫米，大多无毛。总状花序长 3 ~ 8 厘米，2 ~ 10 枚相互间距排列于长 1 ~ 3 厘米的主轴上，分枝腋间有长柔毛；穗轴宽 1.5 ~ 2 毫米，边缘微粗糙；小穗椭圆形或倒卵形，长 2 ~ 2.3 毫米，单生于穗轴一侧，覆瓦状排列成二行；小穗柄微粗糙，长约 0.5 毫米；第二颖与第一外稃等长，具 3 脉，顶端稍尖；第二外稃等长于小穗，成熟后褐色，革质，有光泽，具细点状粗糙。花果期 6—11 月。

生活环境

生长于低海拔区的荒坡、草地、路旁及田间。

图 3-152　圆果雀稗

丝毛雀稗

Paspalum urvillei

禾本科　雀稗属

形态特征

多年生草本。具短根状茎，秆丛生，高 50 ~ 150 厘米。叶鞘密生糙毛，鞘口具长柔毛；叶舌长 3 ~ 5 毫米；叶片长 15 ~ 30 厘米，宽 5 ~ 15 毫米，无毛或基部生毛。总状花序 10 ~ 20 枚，长 8 ~ 15 厘米，组成长 20 ~ 40 厘米的大型总状圆锥花序。小穗卵形，顶端尖，长 2 ~ 3 毫米，稍带紫色，边缘密生丝状柔毛；第二颖与第一外稃等长、同型，具 3 脉，侧脉位于边缘；第二外稃椭圆形，革质，平滑。花果期 4—10 月。

生活环境

生长于路边、荒地、河岸。

图 3–153　丝毛雀稗

五节芒

Miscanthus floridulus

禾本科　芒属

生活环境

生长于荒地、丘陵、潮湿谷地、山坡、草地。

形态特征

多年生草本，具发达根状茎。秆高大似竹，高2～4米，无毛，节下具白粉；叶片披针状线形，长25～60厘米，宽1.5～3厘米，扁平。圆锥花序大型，稠密，长30～50厘米，主轴粗壮，延伸达花序的2/3以上，无毛；分枝较细弱，长15～20厘米，通常十多枚簇生于基部各节，具2～3回小枝，腋间生柔毛；小穗卵状披针形，长3～3.5毫米，黄色，基盘具较长于小穗的丝状柔毛；第一颖无毛，顶端渐尖或有2微齿，侧脉内折成2脊，脊间中脉不明显，上部及边缘粗糙；第二颖等长于第一颖，顶端渐尖，具3脉，中脉成脊，粗糙，边缘具短纤毛，第一外稃长圆状披针形，稍短于颖，顶端钝圆，边缘具纤毛；第二外稃卵状披针形，长约2.5毫米，顶端尖或具2微齿，无毛或下部边缘具少数短纤毛，芒长7～10毫米，微粗糙，伸直或下部稍扭曲；内稃微小；雄蕊3枚，花药橘黄色；花柱极短，柱头紫黑色，自小穗中部之两侧伸出。花果期5—10月。

图3-154　五节芒

看麦娘

Alopecurus aequalis

禾本科　看麦娘属

别名：棒棒草

形态特征

一年生草本。秆少数丛生，细瘦，光滑，节处常膝曲，高 15 ~ 40 厘米。叶鞘光滑，短于节间；叶舌膜质，长 2 ~ 5 毫米；叶片扁平，长 3 ~ 10 厘米，宽 2 ~ 6 毫米。圆锥花序圆柱状，灰绿色，长 2 ~ 7 厘米，宽 3 ~ 6 毫米；小穗椭圆形或卵状长圆形，长 2 ~ 3 毫米；颖膜质，基部互相连合，具 3 脉，脊上有细纤毛，侧脉下部有短毛；外稃膜质，先端钝，等大或稍长于颖，下部边缘互相连合，芒长 1.5 ~ 3.5 毫米，约于稃体下部 1/4 处伸出，隐藏或稍外露；花药橙黄色，长 0.5 ~ 0.8 毫米。颖果长约 1 毫米。花果期 4—8 月。

生活环境

生长于海拔较低的田边、河岸、湖边等潮湿之地。

图 3–155　看麦娘

水蔗草

Apluda mutica

禾本科　水蔗草属

别名：假雀麦、竹子草

形态特征

多年生草本；具坚硬根头及根茎，须根粗壮。秆高 50 ~ 300 厘米，质硬；节间上段常有白粉，无毛。叶片扁平。圆锥花序先端常弯垂，由许多总状花序组成；每一总状花序包裹在一舟形总苞内；总状花序轴膨胀成陀螺形，2 有柄小穗从两侧以扁平的小穗柄夹持无柄小穗。有柄小穗含 2 小花，第一颖长卵形，绿色，纸质至薄革质，第二颖等长或略短于第一颖，稍宽；第一小花雄性，雄蕊 3，花药黄色，线形，长 1 ~ 1.5 毫米；第二小花等长或稍短于第一小花，其内稃卵形，雄性或有时两性而结实，成熟时为整个小穗自穗柄关节处脱落。颖果成熟时呈蜡黄色，卵形，长约 1.5 毫米，宽约 0.8 毫米，胚长约 1 毫米。花果期夏秋季。

生活环境

生长于田边、水旁湿地及山坡草丛中。广州各地常见。

图 3–156　水蔗草

牛筋草

Eleusine indica

禾本科　穇属

别名：蟋蟀草

形态特征

一年生草本。根系极发达，贴地有力不易铲锄。秆丛生，基部倾斜，高 10 ~ 90 厘米；茎和花柄很结实，不易拉断。叶鞘两侧压扁而具脊，松弛，无毛或疏生疣毛；叶舌长约 1 毫米；叶片平展，线形，长 10 ~ 15 厘米，宽 3 ~ 5 毫米，无毛或上面被疣基柔毛。穗状花序 2 ~ 7 个指状着生于秆顶，很少单生，长 3 ~ 10 厘米，宽 3 ~ 5 毫米；小穗长 4 ~ 7 毫米，宽 2 ~ 3 毫米，含 3 ~ 6 小花；颖披针形，具脊，脊粗糙；第一颖长 1.5 ~ 2 毫米；第二颖长 2 ~ 3 毫米；第一外稃长 3 ~ 4 毫米，卵形，膜质，具脊，脊上有狭翼，内稃短于外稃，具 2 脊，脊上具狭翼。囊果卵形，长约 1.5 毫米，基部下凹，具明显的波状皱纹。鳞被 2，折叠，具 5 脉。花果期 6—10 月。

生活环境

生长于村边、旷野、田间田边、路边。广州各地极常见。

图 3–157　牛筋草

细柄草

Capillipedium parviflorum

禾本科　细柄草属

别名：吊丝草

形态特征

多年生簇生草本。秆直立或基部稍倾斜，高50 ~ 100厘米，不分枝或具数直立、贴生的分枝。叶片线形，长15 ~ 30厘米，宽3 ~ 8毫米；顶端长渐尖，基部收窄，近圆形，两面无毛或被糙毛。圆锥花序长圆形，长7 ~ 10厘米，近基部宽2 ~ 5厘米，分枝簇生，可具1 ~ 2回小枝，纤细光滑无毛，枝腋间具细柔毛，小枝为具1 ~ 3节的总状花序，总状花序轴节间与小穗柄长为无柄小穗之半，边缘具纤毛。无柄小穗长3 ~ 4毫米，基部具髯毛；第一颖背腹扁，先端钝，背面稍下凹，被短糙毛，具4脉，边缘狭窄，内折成脊，脊上部具糙毛；第二颖舟形，与第一颖等长，先端尖，具3脉，脊上稍粗糙，上部边缘具纤毛，第一外稃长为颖的1/4 ~ 1/3，先端钝或呈钝齿状；第二外稃线形，先端具一膝曲的芒，芒长12 ~ 15毫米。有柄小穗中性或雄性，等长或短于无柄小穗，无芒，二颖均背腹扁，第一颖具7脉，背部稍粗糙；第二颖具3脉，较光滑。花果期5—12月。

生活环境

生长于山坡草地、河边、灌丛中。

图 3–158　细柄草

丝茅

Imperata koenigii

禾本科　白茅属

别名：丝毛草根

形态特征

多年生草本。具横走多节被鳞片的长根状茎。秆直立，高 25 ~ 90 厘米，具 2 ~ 4 节，节具长 2 ~ 10 毫米的白柔毛。叶鞘无毛或上部及边缘具柔毛，鞘口具疣基柔毛，鞘常聚集于秆基，老时破碎呈纤维状；叶舌干膜质，长约 1 毫米，顶端具细纤毛；叶片线形或线状披针形，顶端渐尖，中脉在下面明显隆起并渐向基部增粗或成柄，边缘粗糙，上面被细柔毛；顶生叶短小，长 1 ~ 3 厘米。圆锥花序穗状，长 6 ~ 15 厘米，宽 1 ~ 2 厘米，分枝短缩而密集；小穗柄顶端膨大成棒状，无毛或疏生丝状柔毛，长柄长 3 ~ 4 毫米，短柄长 1 ~ 2 毫米；小穗披针形，长 2.5 ~ 4 毫米，基部密生长 12 ~ 15 毫米的丝状柔毛；雄蕊 2 枚，花药黄色，长 2 ~ 3 毫米，先雌蕊而成熟。颖果椭圆形。花果期 5—8 月。

生活环境

本种适应性强，生态幅度广，自谷地河床至干旱草地，是空旷地、果园地、撂荒地以及田坎、堤岸和路边的极常见植物和杂草。

图 3-159　丝茅

白茅

Imperata cylindrica

禾本科　白茅属

别名：白茅根

形态特征

多年生草本。具粗壮的长根状茎，秆直立，高30～80厘米，具1～3节，节无毛。叶鞘聚集于秆基，甚长于其节间，质地较厚，老后破碎呈纤维状；叶舌膜质，长约2毫米，紧贴其背部或鞘口具柔毛，分蘖叶片长约20厘米，宽约8毫米，扁平，质地较薄；秆生叶片长1～3厘米，窄线形，通常内卷，顶端渐尖呈刺状，下部渐窄，或具柄，质硬，被有白粉，基部上面具柔毛。圆锥花序稠密，长20厘米，宽达3厘米，小穗长4.5～6毫米，基盘具长12～16毫米的丝状柔毛；两颖草质及边缘膜质，近相等，具5～9脉，顶端渐尖或稍钝，常具纤毛，脉间疏生长丝状毛，第一外稃卵状披针形，长为颖片的2/3，透明膜质，无脉，顶端尖或齿裂，第二外稃与其内稃近相等，长约为颖之半，卵圆形，顶端具齿裂及纤毛；雄蕊2枚，花药长3～4毫米；花柱细长，基部稍有连合，柱头2，紫黑色，羽状，长约4毫米，自小穗顶端伸出。颖果椭圆形。花果期4—6月。

生活环境

生长于平原河岸草地、沙质草甸、荒漠与海滨。

图3-160　白茅

囊颖草

Sacciolepis indica

禾本科　囊颖草属

别名：滑草、长穗稗

形态特征

一年生草本，通常丛生。秆基常膝曲，高20～100厘米，有时下部节上生根。叶鞘具棱脊，短于节间，常松弛；叶舌膜质，长0.2～0.5毫米，顶端被短纤毛；叶片线形，长5～20厘米，宽2～5毫米，基部较窄，无毛或被毛。圆锥花序紧缩成圆筒状，长1～16厘米，宽3～5毫米，向两端渐狭或下部渐狭，主轴无毛，具棱，分枝短；小穗卵状披针形，向顶渐尖而弯曲，绿色或染以紫色，长2～2.5毫米，无毛或被疣基毛；第一颖为小穗长的1/3～2/3，通常具3脉，基部包裹小穗，第二颖背部囊状，与小穗等长，具明显的7～11脉，通常9脉；第一外稃等长于第二颖，通常9脉；第一内稃退化或短小，透明膜质；第二外稃平滑而光亮，长约为小穗的1/2，边缘包着较其小而同质的内稃；鳞被2，阔楔形，折叠，具3脉；花柱基分离。颖果椭圆形，长约0.8毫米，宽约0.4毫米。花果期4—11月。

生活环境

多生长于田间、水边等潮湿地。

图3–161　囊颖草

红毛草

Rhynchelytrum repens

禾本科　红毛草属

别名：红茅草

形态特征

多年生草本。根茎粗壮。秆直立，常分枝，高可达1米，节间常具疣毛，节具软毛。叶鞘松弛，大都短于节间，下部亦散生疣毛；叶舌为长约1毫米的柔毛组成；叶片线形，长可达20厘米，宽2~5毫米。圆锥花序开展，长10~15厘米，分枝纤细，长可达8厘米；小穗柄纤细弯曲，顶端稍膨大，疏生长柔毛；小穗长约5毫米，常被粉红色绢毛；第一颖小，长约为小穗的1/5，长圆形，具1脉，被短硬毛；第二颖和第一外稃具5脉，被疣基长绢毛，顶端微裂，裂片间生1短芒；第一内稃膜质，具2脊，脊上有睫毛；第二外稃近软骨质，平滑光亮；有3雄蕊，花药长约2毫米；花柱分离，柱头羽毛状；鳞被2，折叠，具5脉。花果期6—11月。

生活环境

生长于潮湿的沟边及河岸荒地。

图 3-162　红毛草

薏苡

Coix lacryma-jobi

禾本科　薏苡属

别名：菩提子

形态特征

一年生粗壮草本。须根黄白色，海绵质，直径约 3 毫米。秆直立丛生，高 1 ~ 2 米，具 10 多节，节多分枝。叶片扁平宽大，开展，长 10 ~ 40 厘米，宽 1.5 ~ 3 厘米，基部圆形或近心形，中脉粗厚，在下面隆起，边缘粗糙。总状花序腋生成束，长 4 ~ 10 厘米，直立或下垂，具长梗。雌小穗位于花序之下部，外面包以骨质念珠状之总苞，总苞卵圆形，珐琅质，坚硬，有光泽；雄蕊常退化；雌蕊具细长之柱头，从总苞之顶端伸出。颖果小，含淀粉少，常不饱满。雄小穗 2 ~ 3 对，着生于总状花序上部，长 1 ~ 2 厘米；无柄雄小穗长 6 ~ 7 毫米，第一颖草质，具有不等宽之翼，顶端钝，第二颖舟形；外稃与内稃膜质；第一及第二小花常具雄蕊 3 枚，花药橘黄色，长 4 ~ 5 毫米。花果期 6—12 月。

生活环境

多生长于湿润的屋旁、池塘、河沟、山谷、溪涧或易受涝的农田等地方。

图 3–163　薏苡

犁头尖

Typhonium divaricatum

天南星科　犁头尖属

别名：坡芋、小野芋、半夏、土半夏、生半夏、山半夏、野慈菇

生活环境

生长于地边、田头、草坡等空旷的湿地上。

形态特征

多年生草本。块茎近球形、头状或椭圆形，褐色，具环节，散生疣凸状芽眼。植株有叶 4 ~ 8 枚，基部 4 厘米鞘状、莺尾式排列，淡绿色，上部圆柱形，绿色；叶片绿色，背淡，戟状三角形，前裂片卵形；后裂片长卵形，外展，基部弯缺呈“开”形；中肋 2 面稍隆起，侧脉 3 ~ 5 对，最下 1 对基出，伸展为侧裂片的主脉，集合脉 2 圈。花序柄单 1，从叶腋抽出，淡绿色，圆柱形，直立。佛焰苞管部绿色，卵形；檐部绿紫色，卷成长角状，盛花时展开，后仰，卵状长披针形，中部以上骤狭成带状下垂，先端旋曲，内面深紫色，外面绿紫色。肉穗花序无柄，雌花序圆锥形；雄花序橙黄色；附属器深紫色，具有强烈的粪臭，基部斜截形，明显具细柄，向上渐狭成鼠尾状，近直立，下部 1/3 具疣皱，向上平滑。花期 4—7 月。

图 3–164　犁头尖

海芋

Alocasia macrorrhiza

天南星科　海芋属

别名：野芋头、痕芋头、广东狼毒

形态特征

大型常绿草本植物。具匍匐根茎，有直立的地上茎。叶多数，叶柄绿色或污紫色，螺状排列，粗厚，长可达 1.5 米；叶片亚革质，草绿色，箭状卵形，边缘波状。叶柄和中肋变黑色、褐色或白色。花序柄 2～3 枚丛生，圆柱形，长 12～60 厘米，通常绿色，有时污紫色。佛焰苞管部绿色，长 3～5 厘米，粗 3～4 厘米，卵形或短椭圆形；檐部蕾时绿色，花时黄绿色、绿白色，凋萎时变黄色、白色，舟状，长圆形，略下弯，先端喙状，长 10～30 厘米，周围 4～8 厘米。肉穗花序芳香，雌花序白色，不育雄花序绿白色，能育雄花序淡黄色；附属器淡绿色至乳黄色，圆锥状，长 3～5.5 厘米，粗 1～2 厘米，圆锥状，嵌以不规则的槽纹。浆果红色，卵状，长 8～10 毫米，粗 5～8 毫米，种子 1～2。花期四季，但在密阴的林下常不开花。

生活环境

生长于热带雨林林缘或河谷，亚热带树林下、河岸、沟边等空旷阴湿处，广州湿地常见。

图 3–165　海芋

大薸

Pistia stratiotes

天南星科　大薸属

别名：猪乸莲、天浮萍

生活环境

喜欢高温多雨的环境，适宜在平静的淡水池塘、沟渠中生长。广州湿地常见。

形态特征

水生漂浮草本。有长而悬垂的根多数，须根羽状，密集。叶簇生成莲座状，叶片常因发育阶段不同而形异：倒三角形、倒卵形、扇形，以至倒卵状长楔形，长 1.3～10 厘米，宽 1.5～6 厘米，先端截头状或浑圆，基部厚，两面被毛，基部尤为浓密；叶脉扇状伸展，背面明显隆起成折皱状。佛焰苞白色，长 0.5～1.2 厘米，外被茸毛。花期 5—11 月。

图 3–166　大薸

节节草

Commelina diffusa

鸭跖草科　鸭跖草属

别名：竹节菜

形态特征

一年生披散草本。茎匍匐，节上生根，长可达1米余，多分枝。叶披针形或在分枝下部的为长圆形，顶端通常渐尖。蝎尾状聚伞花序通常单生于分枝上部叶腋，有时呈假顶生，每个分枝一般仅有一个花序；总苞片具长2～4厘米的柄，折叠状，平展后为卵状披针形，顶端渐尖或短渐尖，基部心形或浑圆，外面无毛或被短硬毛；花序自基部开始2叉分枝；一枝具长1.5～2厘米的花序梗，与总苞垂直，而与总苞的柄成一直线，其上有花1～4朵，远远伸出总苞片，但都不育；另一枝具短得多的梗，与之成直角，而与总苞的方向一致，其上有花3～5朵，可育，藏于总苞片内；苞片极小，几乎不可见；花梗长约3毫米，果期伸长达5厘米，粗壮而弯曲；萼片椭圆形，浅舟状，长3～4毫米，宿存，无毛；花瓣蓝色。蒴果矩圆状三棱形。种子黑色，卵状长圆形。花果期5—11月。

生活环境

生长于林中、灌丛中、溪边或潮湿的旷野。

图3–167　节节草

牛轭草

Murdannia loriformis

鸭跖草科　水竹叶属

别名：鸡嘴草、水竹草

形态特征

多年生草本。根须状，直径0.5~1毫米，被长绒毛或否。主茎不发育，有莲座状叶丛，多条可育茎从叶丛中发出，披散或上升，下部节上生根，无毛，或一侧有短毛，仅个别植株密生细长硬毛，长15~100厘米。主茎上的叶密集，呈莲座状、禾叶状或剑形，长5~30厘米，宽近1厘米，仅下部边缘有睫毛；可育茎上的叶较短，仅叶鞘上沿口部一侧有硬睫毛，仅个别植株在叶背面及叶鞘上到处密生细硬毛。蝎尾状聚伞花序单枝顶生或有2~3枝集成圆锥花序；聚伞花序有长至2.5厘米的总梗，有数朵非常密集的花，几乎集成头状；苞片早落，长约4毫米；花梗在果期长2.5~4毫米，稍弯曲；萼片草质，卵状椭圆形，浅舟状，长约3毫米；花瓣紫红色或蓝色，倒卵圆形；能育雄蕊2枚。蒴果卵圆状三棱形。种子黄棕色。花果期5—10月。

生活环境

生长于低海拔的山谷溪边、林下、山坡草地。

图3-168　牛轭草

大苞水竹叶

Murdannia bracteata

鸭跖草科　水竹叶属

别名：露水草

形态特征

多年生草本。主茎不育，极短，可育茎通常2枝，由主茎下部叶丛中发出，长而匍匐，顶端上升，节上生根，全面被细柔毛或仅一侧被毛，节间长达10厘米。叶在主茎上密集成莲座状、剑形，长20～30厘米，宽1.2～1.8厘米，下部边缘有细长睫毛，上面无毛，下面有短毛或无毛；可育茎上的叶卵状披针形至披针形，长3～12厘米，宽1～1.5厘米，两面无毛或背面有糙毛，叶鞘全面被细长柔毛或仅沿口部一侧有刚毛。蝎尾状聚伞花序通常2～3个，少单个；总苞片叶状，但较小；聚伞花序因花极为密集而呈头状，具2～3厘米长的总梗；苞片圆形，长5～7毫米，早落；花梗极短，果期伸长，长2～3毫米，强烈弯曲；萼片草质，卵状椭圆形，浅舟状，长约4毫米；花瓣蓝色。蒴果宽椭圆状三棱形，长4毫米。种子黄棕色，具由胚盖发出的辐射条纹，并有白色细网纹，无孔。花果期5—11月。

生活环境

生长于山谷水边或溪边沙地上。

图3–169　大苞水竹叶

凤眼蓝

Eichhornia crassipes

雨久花科　凤眼蓝属

别名：水浮莲、水葫芦

生活环境

生长于水塘、沟渠及稻田中。原产于巴西，现广布于我国长江、黄河流域及华南各省。广州湿地极常见。

形态特征

浮水草本，高 30 ~ 60 厘米。须根发达，棕黑色。茎极短，具长匍匐枝，匍匐枝淡绿色或带紫色，与母株分离后长成新植物。叶在基部丛生，莲座状排列，一般 5 ~ 10 片；叶片圆形，宽卵形或宽菱形，顶端钝圆或微尖，基部宽楔形或在幼时为浅心形，全缘，具弧形脉，表面深绿色，光亮，质地厚实，两边微向上卷，顶部略向下翻卷；叶柄长短不等，中部膨大成囊状或纺锤形，内有许多多边形柱状细胞组成的气室，维管束散布其间，黄绿色至绿色，光滑；花葶从叶柄基部的鞘状苞片腋内伸出，多棱；穗状花序，通常具 9 ~ 12 朵花；花被紫蓝色。蒴果卵形。花期 7—10 月，果期 8—11 月。

图 3–170　凤眼蓝

浮萍

Lemna minor

浮萍科　浮萍属

别名：水萍草、田萍

形态特征

漂浮植物。叶状体对称，表面绿色，背面浅黄色或绿白色或常为紫色，近圆形、倒卵形或倒卵状椭圆形，全缘，长 1.5 ~ 5 毫米，宽 2 ~ 3 毫米，上面稍凸起或沿中线隆起，脉 3，不明显，背面垂生丝状根 1 条，根白色，长 3 ~ 4 厘米，根冠钝头，根鞘无翅。叶状体背面一侧具囊，新叶状体于囊内形成浮出，以极短的细柄与母体相连，随后脱落。雌花具弯生胚珠 1 枚，果实无翅，近陀螺状，种子具凸出的胚乳并具 12 ~ 15 条纵肋。

生活环境

生长于水田、池沼或其他静水水域，常与紫萍、芜萍混生，形成密布水面的漂浮群落。

图 3–171　浮萍

芜萍
Wolffia arrhiza

浮萍科　芜萍属

别名：无根萍、微萍

形态特征

漂浮水面或悬浮，细小如沙，为世界上最小的种子植物。叶状体卵状半球形，单一或2代连在一起，直径0.5～1.5毫米，上面绿色，扁平，具多数气孔，背面明显凸起，淡绿色，表皮细胞五至六边形；无叶脉及根。

生活环境

生长于水田、池沼或其他静水水域，常与紫萍、浮萍混生，形成密布水面的漂浮群落。

图3-172　芜萍

黄睡莲

Nymphaea mexicana

睡莲科　睡莲属

别名：墨西哥睡莲

形态特征

多年生水生草本。根状茎直生。叶漂浮，纸质，卵形，下面红褐色，具黑色小斑点，基部具裂至叶柄着生处，边缘常波状；叶柄细长，无毛。花单生在花梗顶端，漂浮于水面或略挺出水面；萼片黄绿色，常带红色条纹；花瓣 12 ~ 30 枚，黄色，矩圆状披针形；雄蕊多数，金黄色。浆果近球形。

生活环境

栽培于池塘、湖泊。

图 3–173　黄睡莲

种名索引

Y

Z

参考文献

[1] 徐松浚，赵艳，李亮宇，徐正春. 广州市湿地植被多样性及其保护研究 [J]. 广东农业科学，2014（18）.

[2] 林雪玲. 广州市湿地植物群落特征与分布演替分析 [J]. 防护林科技，2008（4）.

[3] 中国科学院中国植物志编辑委员会. 中国植物志 [M]. 北京：科学出版社，2004.

[4] 邢福武，曾庆文，谢左章. 广州野生植物 [M]. 武汉：华中科技大学出版社，2011.

[5] 王辰. 中国湿地植物图鉴 [M]. 重庆：重庆大学出版社，2011.

[6] 刘凯昌，庄雪影等. 广东森林植物 [M]. 武汉：华中科技大学出版社，2014.

[7] 周云龙. 外来入侵种假臭草的形态学特征和相似种藿香蓟的区别 [J]. 广东林业科技，2012（2）.

[8] 胡喻华. 叶下珠属植物新资料 [J]. 华南农业大学学报，2006（2）.